普通高等院校建筑专业“十三五”规划精品教材
浙江省高等教育重点建设教材

建筑艺术赏析

（第三版）

Appreciation and Analysis of Architecture Art

本书主审　方绪明

本书主编　聂洪达

本书副主编　赵淑红　崔钦淑　刘霄峰

本书编写委员会

聂洪达　赵淑红　崔钦淑　刘霄峰

华中科技大学出版社
中国·武汉

内 容 提 要

美是优秀建筑的重要属性。建筑艺术是建筑学入门的向导，也是欣赏建筑、了解建筑的主要内容。本书以建筑艺术为主线，对建筑的背景、功能和技术等方面进行了全面的论述，为读者勾画出一条清晰的建筑艺术发展的历史轨迹。

本书语言生动、图片丰富、选材经典，可作为建筑和艺术类院校的公共选修课教材或中外建筑史的教学参考书，也可供城市规划及建筑设计等相关从业人员参考使用。

图书在版编目(CIP)数据

建筑艺术赏析/聂洪达主编. —3版. —武汉：华中科技大学出版社，2018.1（2022.1 重印）
普通高等院校建筑专业“十三五”规划精品教材
ISBN 978-7-5680-3727-3

Ⅰ.①建…　Ⅱ.①聂…　Ⅲ.①建筑艺术-鉴赏-世界-高等学校-教材　Ⅳ.①TU-861

中国版本图书馆 CIP 数据核字(2018)第 017662 号

建筑艺术赏析（第三版）
Jianzhu Yishu Shangxi

聂洪达　主编

责任编辑：金　紫
封面设计：张　璐
责任校对：张会军
责任监印：朱　玢
出版发行：华中科技大学出版社（中国·武汉）　电话：(027)81321913
武汉市东湖新技术开发区华工科技园　邮编：430223
录　　排：华中科技大学惠友文印中心
印　　刷：武汉科源印刷设计有限公司
开　　本：850mm×1060mm　1/16
印　　张：14.75　插页：8
字　　数：409 千字
版　　次：2022 年 1 月第 3 版第 4 次印刷
定　　价：49.80 元

总 序

《管子》一书中《权修》篇中有这样一段话:“一年之计,莫如树谷;十年之计,莫如树木;终身之计,莫如树人。一树一获者,谷也;一树十获者,木也;一树百获者,人也。”这是管仲为富国强兵而重视培养人才的名言。

“十年树木,百年树人”即源于此。它的意思是说,培养人才是国家的百年大计,既十分重要,又不是短期内可以奏效的事。“百年树人”并不是非得一百年才能培养出人才,而是比喻培养人才的远大意义,要重视这方面的工作,并且要预先规划,长期、不间断地进行。

当前我国建筑业发展形势迅猛,急缺大量的建筑建工类应用型人才。全国各地建筑类学校以及设有建筑规划专业的学校众多,但能够做到既符合当前改革形势又适用于目前教学形式的优秀教材却很少。针对这种现状,急需推出一系列切合当前教育改革需要的高质量优秀专业教材,以推动应用型本科教育办学体制和运作机制的改革,提高教育的整体水平,并且有助于加快改进应用型本科办学模式、课程体系和教学方法,形成具有多元化特色的教育体系。

这套系列教材整体导向正确,科学精练,编排合理,指导性、学术性、实用性和可读性强,符合学校、学科的课程设置要求。它以建筑学科专业指导委员会的专业培养目标为依据,注重教材的科学性、实用性、普适性,尽量满足同类专业院校的需求。教材内容大力补充新知识、新技能、新工艺、新成果。注意理论教学与实践教学的搭配比例,结合目前教学课时减少的趋势适当调整了篇幅。根据教学大纲、学时、教学内容的要求,突出重点、难点,体现建设“立体化”精品教材的宗旨。

以发展社会主义教育事业,振兴建筑类高等院校教育教学改革,促进建筑类高校教育教学质量的提高为己任,为发展我国高等建筑教育的理论、思想,对办学方针、体制,教育教学内容改革等进行了广泛深入的探讨,以提出新的理论、观点和主张。希望这套教材能够真实地体现我们的初衷,真正能够成为精品教材,受到大家的认可。

中国工程院院士 何镜堂

2007年5月

第三版前言

古人认为，文以载道，诗以言志，艺术也是这样。艺术是道的人文表现形式。老子说："道可道，非常道。"（见《道德经》）约翰福音说："太初有道，道与神同在，道就是神。"（见《圣经》）人类学家赵鑫珊认为"神（上帝）就是大自然"。《圣经》也说"神（耶和华）是自有的"（见圣经·出埃及记）。建筑是一种具有象征性的视觉艺术，芒德勃罗说"建筑创作的关键在于，建筑师是否以大自然组织自身的方式或人类认识自身和感受世界的方式来认识和表现建筑的本质"，"创造出一种外在形状只能以象征方式去暗示意义的作品"。

建筑充分体现了功用和审美、技术与艺术的有机结合。尽管各种建筑的形式、用途各不相同，但它们总体上都体现了古罗马建筑学家维特鲁威（Vitruvius）所强调的"实用、坚固、美观"的原则，力图展现各种基本自然力的形式、人类的精神与智慧。建筑的审美功能特性在于通过形体结构、空间组合、装饰手法等，形成有节奏的抽象形式美来激发人在观赏过程中的审美联想，从而创造种种特定的审美体验。如中国故宫的方正严谨、中轴对称，使人感觉整齐肃穆；哥特式教堂的尖顶及高耸的塔楼等，给人向上飞腾之感。北京的天坛、埃及的金字塔、法国的巴黎圣母院、澳大利亚的悉尼歌剧院等等，都以风格特异的抽象造型，给人以独特的审美感受。随着当代人类对生态环境的保护意识的日益提高，建筑与环境的和谐也越来越成为人类的迫切需求，建筑的环境美、生态美使建筑的视觉审美扩展到了一个更大的范围。这也是时代文化精神的一面镜子，它将准确地反映当今这个时代的文化精神面貌，反映出当代人们的审美趣味。

本书在第二版的基础上进行修改，适当增加新知识，新实例。在每章内容后新增小结及思考题，以方便读者对建筑艺术及其历史的学习。本书第三版由浙江工业大学聂洪达主编，浙江工业大学赵淑红、崔钦淑、浙江树人大学刘霄峰任副主编，浙江科技学院方绪明教授主审。

本书第三版为浙江工业大学重点教材建设资助项目。

限于作者水平，书中难免有不妥之处，恳请读者批评指正。

作者于杭州

2017.08.28

前　言

在建筑的诸多因素中，美观是其中重要的一点，它与建筑的社会条件及自然环境密切相关。

建筑与其所在的社会密切相关，果戈理说建筑是时代的里程碑，中国古人说三分在匠，七分在主，优秀的建筑不只属于建筑者，也属于那个时代的社会。

两千多年前，孔子提出“兴于《诗》、立于礼，成于乐”，“《诗》三百，一言以蔽之，曰：思无邪”。将其用在建筑上，即建筑应有朴素、真诚的艺术构思，并建立在规律及秩序之上，可赏心悦目，使人愉快。这是建筑艺术创作及欣赏的标准。

本书对建筑艺术进行了多方位透视，视点主要集中在优秀的西方建筑与中国古代建筑两大体系，尽量从时代的层面勾画建筑艺术的发展轨迹。本书为浙江省教委高等教育重点教材建设项目，由浙江工业大学聂洪达、赵淑红任主编，浙江工业大学崔钦淑、浙江树人大学刘霄峰任副主编，由浙江科技学院方绪明教授主审。

由于水平有限，书中难免有所疏漏，恳请读者批评指正。

编者

2011 年 1 月

目　　录

0　建筑艺术概论

0.1　建筑艺术的特点

自从人类创造了建筑，就与之相伴，不能一日离开。人们的衣、食、住、行离不开建筑，人们的工作、学习、交往离不开建筑。建筑为人类提供生活环境、活动场所。人们享用建筑、欣赏建筑、维护建筑、直接或间接地建造建筑、自觉或不自觉地为建筑服务，为建筑艺术作贡献。

因此，建筑是大众的艺术，是公众参与的艺术，是人们回避不了的艺术。

对于建筑艺术，人们有各种不同的认识。

哲学家谢林(Friedrich von Schelling)说："建筑是凝固的音乐。"

哲学家赵鑫珊说："建筑是首哲理诗。"

美学家李泽厚把建筑归为静的表现艺术，认为建筑的美学规则"基本上和工艺相同，而工艺的美不在于用实用品的外部造型、色彩、纹样去模拟事物，再现现实，而在于使其外部形成，传达和表现出一定的情绪、气氛、格调、风尚、趣味，使物质经由象征变成相似于精神生活的有关环境"；并且"它的质的特点正在于它的量，其巨大形体的美学影响远大于工艺品"。

意大利现代著名建筑师奈维认为，建筑是技术与艺术的综合体。

美国现代著名建筑师赖特认为，建筑是用结构表达思想的科学性艺术。

总之，建筑具有技术和艺术的双重性。建筑的技术性自是不言而喻，之所以又称建筑是一门艺术，是因为它具有艺术的特征，主要表现在以下两方面。

(1) 建筑的形象，即通过各种结构、造型所体现出的建筑外观。古往今来，许多优秀的建筑师通过巧妙运用空间、线条、色彩、质感、光影等表现手法，创造了大量优美的建筑形象。北京天坛祈年殿(见图0-1)是其中典型的实例。祈年殿位于天坛主轴线的北端，是一座圆形攒尖顶三重檐的圆形大殿，平面直径约26米，建筑高约38米，坐落在逐层收缩的三层台基上。台基高6米，使祈年殿高出附近的林海，给人以崇高庄严之感。在建筑造型上，祈年殿是中国建筑中构图最完美、色彩最协调的建筑。

(2) 建筑的文化属性。一是建筑的民族性和地域性。不同的民族有不同的建筑形式；不同地区由于气候、地理、文化等条件的不同，从而形成建筑形式的地域差别；同一民族，由于地域条件的不同，建筑形式也不一样。二是建筑的历史性和时代性。不同历史时期的建筑形态存在较大差别，现代建筑与古代建筑的差别则更为明显，所以欧洲人把他们以石料为主要建筑材料的古代建筑称作"石头的史书"。中国建筑仍以北京天坛祈年殿为例，它作为中国传统建筑木结构体系的代表，有着极强的民族性和地域性。祈年殿作为天坛建筑群的一座建筑，有着很强的象征意义，在用料及造型上表现出明清建筑的特点。

应当指出的是，建筑作为一种艺术，与一般用于观赏的绘画、雕塑艺术具有明显的区别。与工艺美

图 0-1　北京天坛祈年殿(1420 年)(见彩图 1)

术一样,建筑是和其使用要求紧密联系在一起的,要考虑建筑的坚固问题,因此,实用、坚固、美观被称为构成建筑的三要素。评价建筑的艺术性,不仅要看它的造型和装饰是否美观,还要看它是否达到了实用、坚固、美观三要素的统一。

我们可以从多方面欣赏建筑。一般来说,可以从建筑的体量美与环境美、建筑的性格美与风格美、建筑的造型美与结构美、建筑的色彩美与质感美等方面进行赏析,具体如下。

0.1.1　建筑的体量美与环境美

建筑与绘画、雕塑以及工艺美术品相比,有着较大的体量,美学家李泽厚评价建筑艺术质的特点正在于量,其巨大形体的美学影响远大于一般工艺品。同时,建筑具有不同的类型和规模,且任何建筑物都不是孤立的,都是处于一定的客观环境之中的。中国古典园林建筑很早就十分注重建筑与环境的关系,讲求二者融为一体。美国现代著名建筑师赖特提出的“有机建筑”理论,也主张建筑应像从大自然里生长出来的一样,其最著名的代表作——流水别墅生动地说明了这一点。这座位于美国匹兹堡市郊区的私人别墅,坐落在一个具有山石、林木、溪流、瀑布的优美环境之中,建筑的前部由浇铸在岩石上的钢筋混凝土支撑悬挑出来,上下两层宽大的阳台,一纵一横,好像从山洞中伸出的两块巨石,后面高起的片石墙和前面的挑出部分取得视觉上的平衡效果,同时又形成水平与垂直方向的鲜明对比。这种自由灵活的组合,不仅与周围环境十分协调,而且使人们可以从不同的角度看到多种不同的建筑轮廓(见图 0-2)。

图 0-2　流水别墅

0.1.2 建筑的性格美与风格美

建筑的性格是指不同类型建筑的不同功能的外在表现。有性格的建筑，不仅可通过采用与其基本功能要求相适应的形式来表现，而且能明显地告诉我们它的作用是什么。如优秀的住宅建筑表现出浓厚的生活气息，给人以舒适安定的感觉（见图0-3）；文化娱乐建筑给人以富丽美好、新颖别致的感觉；办公建筑给人以庄重严肃的感觉；学校建筑给人以明快大方、开朗宁静的感觉；纪念性建筑给人以文化内涵丰富、个性鲜明的感觉（见图0-4）。当然，建筑性格的表现手法是多种多样的，常用的手法是形式服从功能。

图0-3 六甲集合住宅

图0-4 重庆云阳张飞庙

建筑的风格是指建筑造型、功能布局和建筑装饰所具有的时代共性，不同风格的建筑呈现不同的美。如欧洲中世纪的哥特式建筑与伊斯兰教建筑，虽然同属宗教建筑，但二者体现了两种完全不同的建筑风格：前者空灵轻巧，超凡脱俗；后者清秀明朗，装饰华丽。

0.1.3 建筑的造型美与结构美

建筑的造型包括建筑体型、立面、色彩、细部等，是建筑内、外空间的表现形式，是根据建筑的功能要求、物质、技术等条件而设计的，是技术和艺术的统一。同时，建筑的造型还要考虑到形式美的一些原则，如比例、尺度、均衡、韵律、对比等，这是判断建筑造型是否美观的重要标准。如北京天坛祈年殿在体型和色彩的运用上都具有很高的艺术水平，整个建筑无论是三重檐的圆形大殿，还是逐层收缩的三层台基，各部分之间的比例协调，线条十分优美；在色彩配置上，三重檐铺以蓝色琉璃瓦，用以象征蓝天，顶上冠以巨大的鎏金宝顶，与下面朱红色的木柱和门窗及白色的台基形成鲜明的对比，整个建筑的色彩显得灿烂夺目；又如贝聿铭设计的华盛顿美国国家美术馆东馆，采用三角形体块构图，与老馆及周围环境相呼应，形成鲜明的造型特点(见图 0-5)。

图 0-5　华盛顿美国国家美术馆东馆

建筑结构是建筑的骨架和轮廓，中国古典建筑中的斗拱、额枋、雀替等，均可从不同角度映衬建筑的结构美。随着科学技术的进步，建筑结构的形式也越来越丰富，如框架结构、薄壳结构、悬索结构等。当建筑的结构与功能要求、建筑造型统一时，建筑会呈现出一种独特的美——结构美。如著名的罗马小体育宫，采用了新颖的建筑结构并有意识地将结构的某些部分，如周围的一圈“Y”形支架完全暴露在外，这些支架好像体育健儿们伸展着粗壮的手臂承托起体育宫的大圆顶，象征着体育所特有的技巧和力量(见图 0-6)。也正是这种结构美使建筑具有独特的艺术魅力。

图 0-6　罗马小体育宫

0.1.4 建筑的色彩美与质感美

建筑的色彩设计是取得建筑艺术效果的重要手段之一，建筑的色彩效果一般通过建筑装饰来完成。如欧洲中世纪的哥特教堂（见图 0-7），其内部玻璃拼贴画和宗教题材的壁画色彩华丽、笔触细腻，具有强烈的艺术表现力。而不同的建筑材料所呈现出的独特质感也可赋予建筑不同的艺术特色（见图 0-8）。

图 0-7 哥特教堂室内

图 0-8 洛桑大教堂的石墙洞口

0.2 建筑艺术的规律

建筑艺术的规律主要是从理论的角度对建筑构图进行分析。建筑形象由墙、柱、门、窗、屋顶、台阶等构件组成，这些构件的形状、尺寸、色彩及其所用材料的质感不尽相同，有的构件甚至有着独特的象征或文化意义。由单一形体构成的建筑很少见，大多数情况下，建筑的平面和体量是由不同的形状和体块组合而成的，而这种组合主要是为了实现功能目的。功能目的主要通过构图设计来实现，考虑更多的是建筑形式的视觉属性，如形状、尺寸（包含长、宽和高等维度）、方位和表面特征（色彩和质感纹理等）以及由表面特征引起的视觉重量感等因素，都属于建筑构图的基本范畴。此外，隐含在两个或两个以上要素关系中的视觉效果，如对称与均衡、比例与尺度、统一与变化、韵律与节奏、对比与微差、变换与等级等都属于建筑构图的重要范畴。可见，构图原理的基本范畴就是建筑形式中首要的、直观的和特有的要素，同时也是建筑师实现和协调体量组合的基本手段。

0.2.1 对称与均衡

对称与均衡的构图容易取得稳定的效果,因为符合力学常识,能给人以心理上的平衡感。建筑史表明,建筑艺术在某种意义上讲就是建立在左右对称的基础上的,在相当长一段时期内,不对称的建筑被认为是古怪的,是需要做出解释的。而到了现代,不对称但均衡的构图则被认为是现代建筑艺术的发展基石(见图 0-9)。然而,对称式并非专属于古典时期,目前仍被广泛应用。

图 0-9 不对称建筑构图(见彩图 2)

对称建筑具有明显的对称轴线;不对称均衡的建筑构图中,往往以门厅为构图中心。

与对称均衡的概念相比,稳定更易受重力和心理因素的影响。一般来说,上小下大、上轻下重、上虚下实的建筑是稳定的,对于砖石结构的建筑,金字塔式的建筑造型更受欢迎,中国传统建筑往往有石砌的基座、台阶,就是这个道理。

运用现代技术可以建造倒放的金字塔式建筑,以及上大下小、上实下虚、上重下轻或具有动态感的建筑,这应是对均衡稳定概念的另类应用。

0.2.2 比例与尺度

建筑中大到建筑体块,小到建筑构件都有自己的比例与尺度,建筑形式的表现力以及建筑美学的很多特性都源于对比例与尺度的运用。

建筑中的比例一般包含两个意思:一是建筑整体或某部分的长、宽、高之间的关系;二是建筑整体与局部或局部与局部之间的大小关系。建筑的尺度,则是建筑整体和某些细部与人或人所习见的某些建筑细部之间的关系。

在图形相似的种类中最常用的是矩形相似,当两个矩形的对角线平行或相互垂直时,那么这两个矩形是相似形,由此便得到两矩形之间的比例关系[见图 0-10(a)、(b)]。如果把若干个相似矩形连续地排列在一起,就会发现两种基本比例关系:算术比例和几何比例。算术比例是指相邻两个矩形之间的高度差为一常数 h。矩形尺寸的相互关系表示为

$$H_1-H_2=H_2-H_3=H_3-H_4=h$$

几何比例是指相邻矩形之间的边长之比相等，即

$$H_1:H_2=H_2:H_3=H_3:H_4$$

有关算术比例和几何比例的应用问题，自古就引起了建筑师的注意。例如，为了使一个空间的长、宽、高之间有全面的比例关系，使空间具有良好的比例感，就需要在确定房间高度时借用算术比例或几何比例来协调。在确定一个立方体空间高度时，维特鲁威、阿尔贝蒂、帕拉迪奥等人就曾建议，根据平面尺寸（a 和 b）来决定室内高度（h），即 $h=(a+b)/2$（算术比例）或 $h=\sqrt{ab}$（几何比例）[见图 0-10(c)、(d)]。

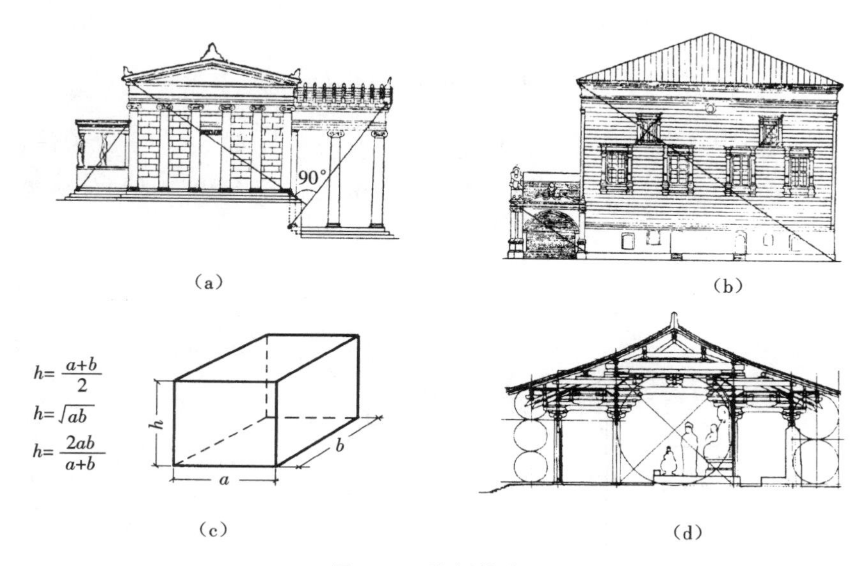

图 0-10　比例的应用

(a) 雅典的伊瑞克先神庙；(b) 莫斯科克林姆林的多棱宫；

(c) 立方体；(d) 中国唐代佛光寺大殿的空间比例

黄金分割在比例的种类中始终占有特殊地位，在文艺复兴时期曾被人们奉为“神的比例”。黄金比的值接近 0.618，它有几个重要的特性，如 $(1-0.618):0.618=0.618$，$0.618+1.618=\sqrt{5}$ 等，运用前者可以画出螺旋线，运用后者可以做出优美的矩形。采用两种几何作图法求得黄金比如图 0-11 所示。

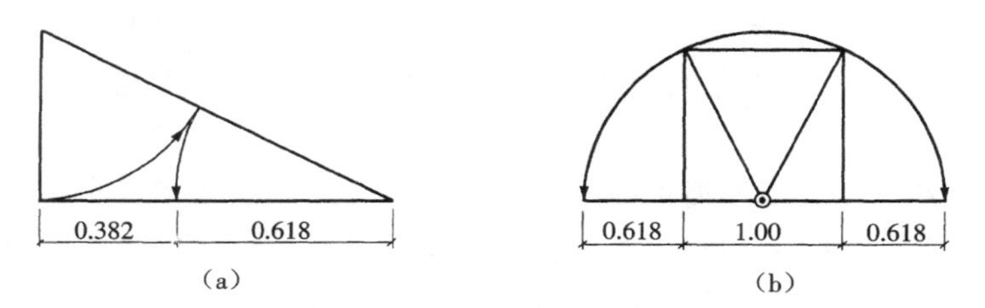

图 0-11　黄金比作图法

比例在建筑的窗或墙面的艺术划分中有着广泛的应用,如高度为 3 个单位的建筑物部分,可以进一步划分出 2～3 个相似形;同样,高为 4 个单位的建筑物部分,可以进一步划分为 3～4 个相似形,以此类推(见图 0-12)。

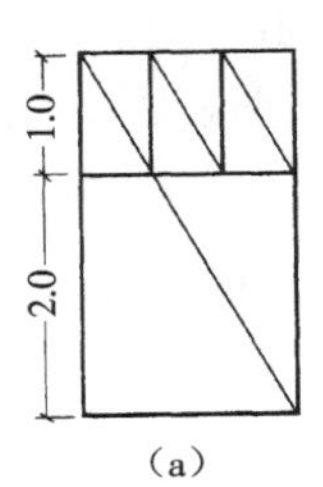

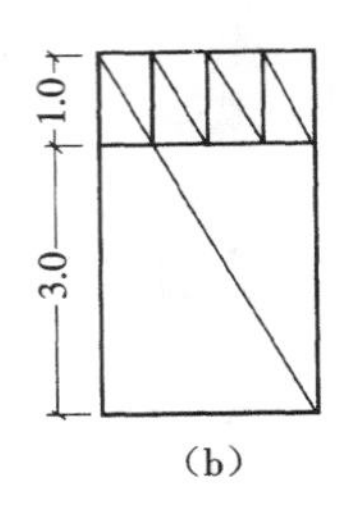

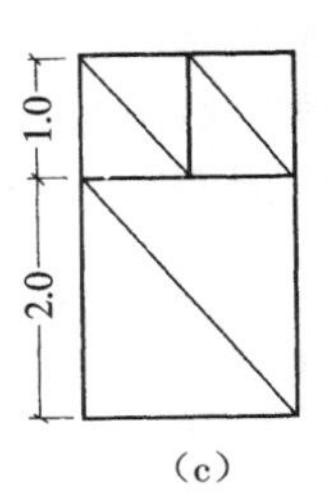

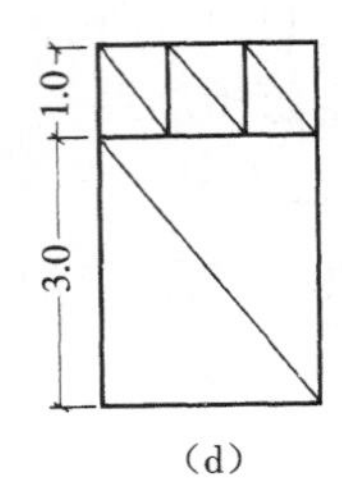

图 0-12　相似形的划分

此外,还可以利用$\sqrt{2}$～$\sqrt{5}$矩形的特性进行整除划分。利用对角线之间的垂直关系,$\sqrt{2}$矩形可分为 2 个相似形,$\sqrt{3}$矩形可分为 3 个相似形……$\sqrt{5}$矩形可分为 5 个相似形,且每一种划分都能正好把整个矩形面积除尽(见图 0-13)。

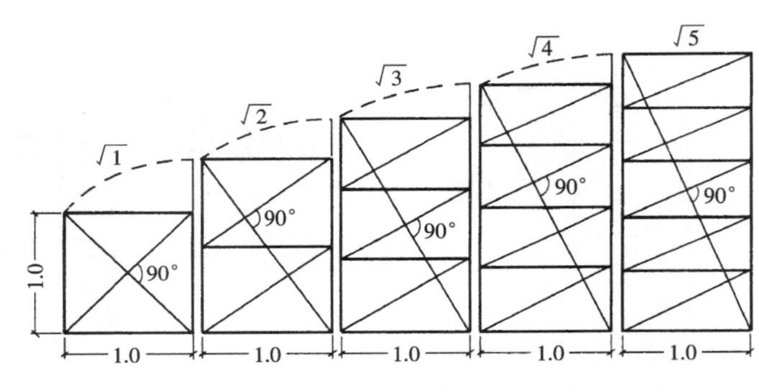

图 0-13　$\sqrt{2}$～$\sqrt{5}$矩形的划分

建筑中的比例概念,是指两个图形或图形内部各局部要素与整体之间的相似和匀称关系。形式诸要素具有的类似或相似是建筑物具有匀称和比例感的基础。比例问题不仅存在于纯数学关系中,建筑物的功能要求和结构的力学性能也决定着比例的性质和特点。如柱间距、跨度随着材料性能(砖石、木、混凝土、钢结构等)的不同而呈现不同的适宜性,对比例的表现力有着决定性的影响。

可见,良好的比例关系可以使构图获得和谐。然而,在建筑构图中仅考虑比例关系还不够,当建筑物要表现某些部分的重要性时,便涉及与比例密切相关的另一要素——尺度。尺度同比例一样,建立于两个因素间的衡量关系之中。建筑师运用尺度技巧,可以使一个剧院的尺度大于绝对体积与它相等的住宅建筑的尺度,可见,比例与尺度所衡量的内容是有根本区别的。比例关系从属于数量范畴;而尺度从属于质量范畴,涉及建筑的主题、形式力度感(见图 0-14),以及建筑的象征性等多方面要求。

综上所述,建筑物的绝对尺寸小时也可能有很大的尺度(如陵墓),而大尺度的建筑物的绝对尺寸却可能很小(如多层住宅)。因此,实际体积相同的建筑物由于所处环境、位置和使用性质的不同会产生不同的尺度表现。

图 0-14 尺度作为质量的概念(见彩图 3)

如果比例的运用追求的是形状的和谐——“相似”,那么尺度的运用则追求“相称”,即与人们的知识、经验和期望相和谐。在建筑设计中,和谐的比例感和相称的尺度感,只能通过细致入微的推敲和不厌其烦的试验获得。此外,良好的尺度感总是建立在建筑物同周围环境、建筑物内在主题、人的尺度和期望这三者相称的综合衡量之中。因此,在尺度推敲方面,建立包括环境、现状的全景模式是最为理想的直观手段。

总之,比例感和尺度感虽然是建筑构图中最基本的要求,却需要花费大量的心血才能达到。尺度感的建立是进入建筑艺术殿堂的一道门槛。

0.2.3 统一与变化

统一性是古典建筑美学的最高原则,是建立整体秩序不可或缺的观念,对于目前日渐混乱的建筑环境则显得更加重要。统一的含义和效果常常用和谐、协调、呼应、完整性和一致性等来表达,要求建筑构图中部分与整体的关系主从有序,细部构件和装饰同主题协调呼应,建筑材料的质感、色彩搭配和谐,同时要求使用功能的完整性和连贯性,功能、形式与结构的逻辑性,平面、立面和剖面之间的内在合理性等,此外,建筑环境、城镇和区域也应具有完整统一的景观。

建筑构图所追求的变化,是在统一中求变化,在变化中把握统一,包括渐变和突变,突变形成对比的效果,渐变形成微差的效果。建筑中的对比关系是指性质相同但又存在明显的差异,如大小、轻重、水平与垂直之间的关系;微差关系则相反,是指尺寸、形式和色彩等之间的细微差别,它反映出一种性质和状态向另一种性质和状态转变的连续性趋势,如形状从全等图形到相似图形,尺寸由大到中,再到小,色彩由白到灰,再到黑渐变的趋势。

在建筑构图中,运用对比和微差应符合以下两个条件。其一,并非建筑的任何性质和特性的随意比较都能称为对比或微差,不同种类和性质的要素之间不存在比较的基础,即相异元素之间是没有可比性的,如工业建筑和住宅建筑之间、门与窗之间等。其二,同类元素之间在大小、形式、色彩、表面处理方式等方面进行比较时,还必须考虑到人们在正常状态下感觉的敏感度,也就是说,只有当观众通过视觉能够直观地识别出差异时,微差才能作为构图的艺术因素起到作用。如果实际的差异难以被直观感知和识别,甚至只有通过仪器测量或推测才能判断时,微差的艺术表现力就消失了。

在建筑设计实践中,对比和微差在构图中的价值取决于其对建筑整体效果的贡献,即从整体效果来考虑,在什么情况下应该显示和强调这种关系,在什么条件下则应缓和或避免这种关系。尤其是对尺寸方面的微差而言,对它的应用常常受制于建筑构件的标准化、模数化以及建造的经济性等现实要求,而非取决于艺术效果因素。

0.2.4 韵律与节奏

韵律与节奏是音乐、舞蹈以及语言中的重要内容,在建筑构图中,韵律与节奏均是由于构图要素的重复而形成的。重复的类型有两种:韵律的重复和节奏的重复。

首先,韵律来自简单的重复,在建筑上经常表现为窗、窗间墙等均匀地交替布置,或建筑构件及建筑形体的起伏、交错;其次,节奏是较为复杂的重复,当构图要素不是均匀地交替,而是有疏密急缓等变化时,则出现了节奏上的重复(见图 0-15)。

此外,某些要素在重复过程中还伴有其他视觉属性(如形状、大小、数量和方向等)的变化时,则表现为节奏与韵律的配合(见图 0-16)。

图 0-15　节奏的重复

图 0-16　节奏与韵律的配合

形式要素以上述方式重复，归根结底是建筑的结构和功能的直接表现。从原则上讲，美学的构图应服从建筑的结构和功能，如果从这个角度看待韵律和节奏，我们在一些复杂的结构体系中会看到韵律和节奏重复的一些变体，如在高层建筑中，除了水平方向的窗、窗间墙和柱间距等韵律构成之外，在垂直方向由于层高的变化还会形成节奏构图。

表面上看来，在建筑构图中，形成韵律和节奏的建筑要素之间呈现几何级数比（等比序列）或算术级数比（等差序列）的关系。然而，节奏和韵律效果的形成不一定要依据某些数学比（但必须是视觉所能感觉到的排列）。此外，在创造节奏排列的表现力时，具有重要作用的不仅包括节奏因素的特点和布置手法，还包括节奏因素的数量。研究表明，形成最简单的韵律排列或者节奏排列，至少需要 3～4 个能造成连续变化的因素。

节奏序列的美学特性很大程度上取决于中断因素的位置和性质。如果把节奏序列看成是一系列的主动因素（称为重音）和被动因素（称为间歇）的交替过程，节奏的中断和停顿则可以通过加强中央要素的对比变化而使节奏序列呈现明确收敛效应，也可以通过加强因素的对比关系而使节奏序列呈现某种运动的趋势，而运动倾向的终点就形成了一种有力的停顿。

0.2.5　建筑空间构成

现代建筑师对建筑中“空的部分”（即空间）的兴趣有增无减，并且从理论上承认空间是建筑的“主角”或本质之一。建筑空间是建筑实体从自然环境中分割出来的，建筑空间分为内部空间和外部空间，二者具有过渡、联系和交融的关系。以最基本的构成单位为例，一个房间是由地面、顶棚和墙面来限定的，因而，基面、顶面和垂直面是空间界面的三要素。一个独立的面，其可以识别的第一特征是形状，它是由面的外边缘轮廓线所确定的。在通常情况下，建筑中的各个面要素之间总是相互联系且延续的，面的表面特征，如材料、质感、色彩以及虚实关系（实墙面与门窗洞口之间的关系）等因素将成为面设计语汇中的关键因素（见图 0-17）。

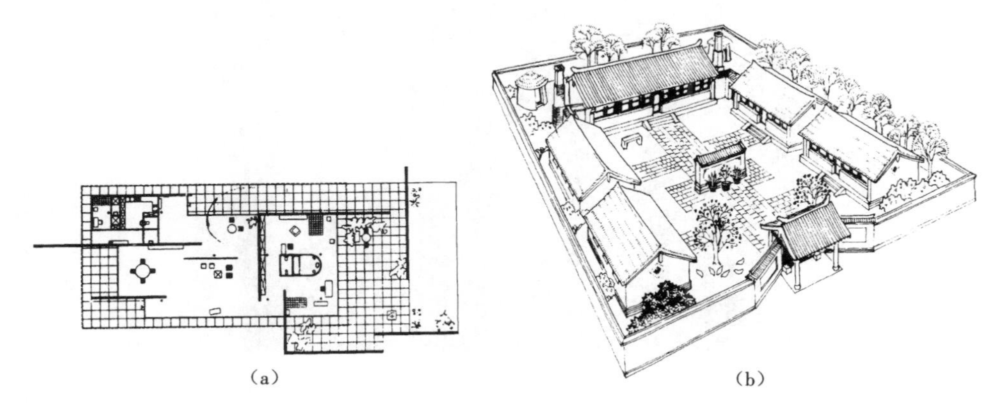

（a）　　（b）

图 0-17　建筑中的面

（a）从建筑平面看面的构成；（b）中国传统民居中的面构成

1. 基面

基面包括地坪以及各楼层的地面，是建筑尤其是住宅建筑中人们以“平方米”计算的地方。

一般来说,人们对基面的关注较少,因此在设计中常常把它做成连续的水平面,以满足正常的、多种行为活动的需求。如果有必要使基面具有可感知的变化,就必须对质感、色彩和图案图形等要素进行有效的控制,如机场迎宾仪式中在地面上铺一条红地毯以取得引导作用;舞厅的地面材料、质感及图案变化可以划分活动的领域等。此外,地面标高的变化既可以划分空间,也可以获得无障碍的视线或取得无干扰的休息环境。

2. 顶面

建筑空间与外部自然空间的不同之处在于,建筑空间的塑造必须在高度上有限定,顶面就是空间容积的上限。为了认识从自然空间中划分建筑空间的过程,我们可以把两只手掌上下相对,慢慢使之靠拢或分离,就会感受到顶面对于空间的重要性。

通常,从空间内部看,建筑的顶面就是楼板、横梁以及吊顶等组成的水平面。除了个别空间顶面需要强调和处理成特殊的视觉效果外,多数空间的天棚应保持简洁。从外部环境的角度看,建筑物的主要顶面要素是屋顶面,它不但影响建筑物整体的造型效果,而且还是体现结构技术水平、自然气候特征和社会文化传统直观的空间形体。

3. 垂直要素

在建筑空间中,人们最熟悉的不是基面或顶面,而是垂直面。垂直的各种要素总是与人们面对面地存在,因而它在人们的视野中是最活跃和最重要的一种空间构成要素,也最具有视觉冲击力。垂直要素是空间的背景和分隔者。一般而言,垂直要素可分为垂直面要素(见图 0-18)和垂直线要素(见图 0-19)两大类别。这两大类别对应于空间的两种典型形态——完全封闭空间和完全开敞空间(见图 0-20)。完全封闭空间由四个垂直墙面围合而成;完全开敞空间由四个角柱勾勒出来。前者是一种实体形态空间,后者则是一种虚体形态空间。

图 0-18 垂直面要素(见彩图 4)

由垂直要素限定的空间中,“封闭性”和“开敞性”是空间的两种基本特征,建筑师常常兼用这两个基本特征来创造空间,以取得丰富多变的空间形态。空间的封闭性与开敞性之间的相互关系可以通过下述途径来理解:一个是面要素的减少(减法);另一个是线要素的增加(加法)。

图 0-19 垂直线要素

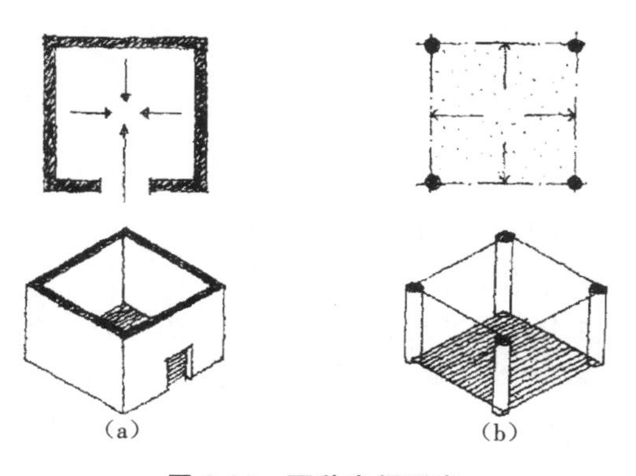

图 0-20 两种空间形态

① 面要素的减少。对于完全封闭的空间形态，通过减少其中一个、两个或三个垂直面，可以获得各种形态的空间，如“U”形空间、“L”形空间、平行面空间以及独立的垂直面所限定的空间等(见图 0-21)。

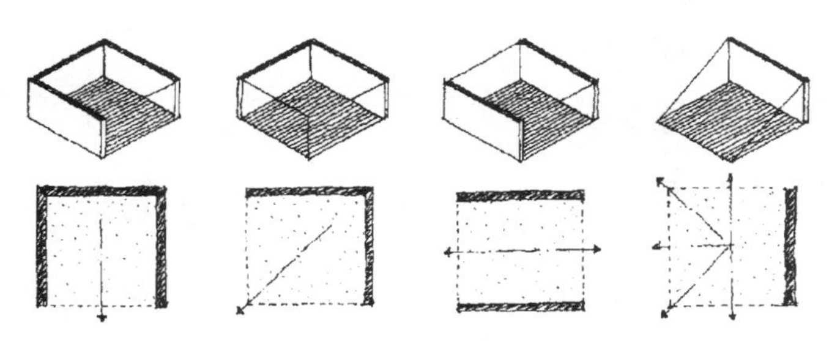

图 0-21 面要素的减少

随着面要素的减少，空间的封闭感逐渐减弱，开敞性逐渐增强。同时，空间的开敞性带来了空间的方向性变化。

② 线要素的增加。在视觉上，线要素的增加——空间中的柱间距逐渐变小，柱子数量增多时，就逐渐形成“面”的感觉，从而围合感增强(见图 0-22)。

但是，在建筑设计中，柱子的主要作用不是用来围合空间的，而是用来支撑其上部屋面或楼面荷载

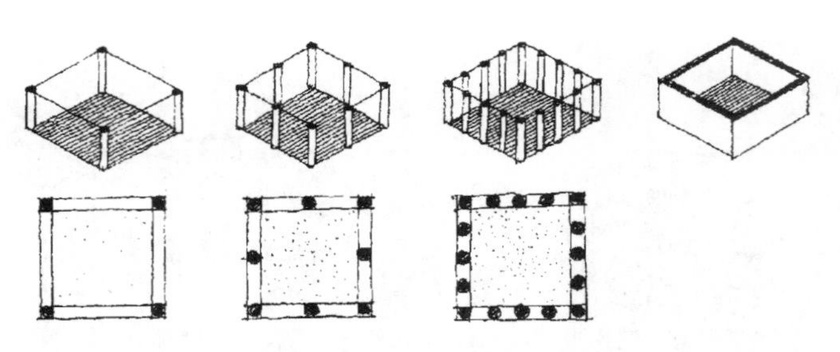

图 0-22　线要素的增加

的结构承重构件。因此在建筑中,柱的数量、柱间距及跨度的大小应遵循结构力学的要求。在正常情况下,建筑空间尤其室内空间是不太欢迎柱子的。

建筑空间的分隔、穿插、组合变化无穷,前面所介绍的构图规律(如比例尺度、统一变化和韵律节奏等内容)也同样适用于建筑空间的设计与欣赏。

0.2.6　建筑场所

对建筑场所的理解可以借用物理学的知识,如电场和磁场,我们知道磁场中磁力线奇妙的排列秩序,也知道整个地球就是一个大磁场,指南针可以为人们指引方向。好的建筑环境也具有场的特征、场的效应,使人产生正确的方向感和认同感以及文化上的归属感。真正的建筑艺术应该呈现场所精神。

建筑师凯文·林奇(Kevin Lynch)在《城市意象》中把路径、边缘、区域、节点和地标作为认知城市的五个要素。建筑场所也同样需要这些要素。以杭州西湖景区为例,其标志性中心应是西湖的水面,周围的景区可以明显地被感知。近几年进行的一系列环湖改造,如南山路改造、湖滨改造、西湖西进工程和北山路改造等工程使周围景区间的联系更密切,边缘更自然,整体性更强,场所感也得到了加强。

哲学家海德格尔(Martin Heidegger)在《艺术作品的起源》一文中这样描述希腊神殿:“它矗立于残岩裂罅的山谷中。神灵在殿宇中的出现,将场地界定为神圣的境域。正是神殿的矗立,第一次把路径与关系结合起来并集结于周围。”由此可见,建筑场所赋予环境新的意义,使天、地、人、神融为一体,即中国古人所说的“天人合一”。

0.3　中西建筑艺术比较

中国建筑和西方建筑,无论在形象还是风格上都存在很大差异。如中国的传统建筑,绝大多数以木结构为主要结构框架,且并不突出某一建筑单体,而是将院落、围墙和建筑组合起来,以虚实结合的群体效果取胜(见图 0-23)。而西方建筑则均以石材或砖作为建筑的传力承重构件,虽然因地区、民族或宗教的不同而外形多样,但都以构图严密的单体建筑为中心,并且常在垂直方向加以扩展和强化,以高耸的穹隆、钟楼和尖塔来突出其艺术特性(见图 0-24)。

关于中西建筑为何会出现如此不同风貌的原因,不少学者从客观物质条件和环境等方面考虑,认为建筑形式和当地的气候条件及材料物产密切相关。地球上各个角落,凡是有人居住的地方都要盖房子,用得最多的必然是当地最丰富的建筑材料,而为了更好地满足使用需求,建筑的屋顶、墙身形式以及门

图 0-23 皖南村落中灰瓦白墙的住宅

图 0-24 向高处发展的西方建筑

窗的大小等往往取决于当地的气候条件。但是，如果从这个角度考量中国建筑，上述解释就不那么令人信服了。譬如，中国各地均出产优良的建筑石材，在古代也造出了像赵州桥这样技术高超、造型优美的石拱桥，但几乎从不用石材来建造宫殿、官衙和庙宇，至多只是用石材来铺路、做台基。再如，西方古建筑造得高大雄伟；而中国建筑除了佛塔之外，一般只造一、二层，习惯贴着土地向四周铺展。显然，除了物产和环境因素之外，造成中西建筑差异的还有着深层次的其他原因，如民族性格、价值观念、群体心态、宗教感情和审美趣味等。这些构筑民族传统文化精粹的基本要素，在建筑艺术特性的形成过程中，起着很大的作用。下面从建筑艺术的自然观、建筑文化的变革和稳定（发展观）以及对建筑价值的追求等方面对中西建筑作一比较。

0.3.1 不同的自然观

著名生态建筑学家麦克哈格在他的《设计结合自然》一书中批评西方传统观念和城市建筑:“宇宙是外来人到达它的顶峰而建立起来的一个结构;只有人是天赐的,具有统治一切的权利……根据这些价值观,我们可以预言其城市的性质和城市景观的样子……这就是把一切都人格化,具有人的特点以及以人为中心;不是去寻求人同大自然的结合,而是要征服自然”;而“当你找到一个民族,他们相信人和自然是不可分割的,生存健康取决于对自然及其进化过程的理解,那么他们的社会将和我们有很大的区别,他们的城镇与景观也会与我们大不相同”。

这个民族不难找到,这就是古老的中华民族。我国曾经把自然提升到极高的地位,甚至奉为神灵,如《道德经》有“人法地,地法天,天法道,道法自然”的名句。

因此,我国古建筑的外部造型和布局安排都尽力追求与自然相协调的意境,不像西方古建筑那样是实体、一块耸立着的庞然大物,而是有虚有实,轮廓柔和多曲线,在稳重中体现出一定的变化。台基对于木结构的防水和防腐必不可少,同时又增加了建筑的稳定感;台基之上是由柱子、梁枋和斗拱等组成的木构架。比起砖石来,木构架要轻巧得多。而且位于最外层的柱,通常均为独立的檐廊柱,四面空透,创造出空阔的观景条件。构架上硕大的屋顶与空透的檐廊形成对比,然而出檐深远,漂亮的反曲线和轻巧的翼角使其丝毫不显得沉闷和压迫。再加上檐口悬挑造成的大片富有韵律感的阴影、斗拱梁枋上的冷色调彩画、窗牖上通透的格栅,使整个建筑造型呈现以虚为主、虚实对比的亲和力(见图 0-25)。与西方木结构建筑相比,其特色就更为明显(见图 0-26)。

图 0-25 唐代南禅寺正殿(公元 782 年)

图 0-26 挪威木教堂

中国建筑的顺应自然,还表现在对房屋基地和方位的高度重视。为此古代很早就出现了一种专门的相关学科,这便是“堪舆风水”,西方一些艺术史家认为风水是东方神秘主义在建筑艺术上的典型表现。从某种意义上说,堪舆风水学说正反映了古代中国人对建筑与自然协调和谐的执著追求,汉代的许慎在《说文解字》中说:“堪,天道;舆,地道。”可见,堪舆实际就是指自然,而风水主要也是研究建筑周围的风向和水流等环境条件。留存至今的一些古代宫殿、陵墓和寺庙等在选址上的成功,获得了中外建筑家的一致赞誉，这里就有风水说的功劳。

在探讨建筑艺术同自然的关联时，超越生产性目的的园林艺术是重要对象。一个扩大的建筑场所意味着创造人类的生活环境，包括与房屋相关的外部环境。中国和西方都有辉煌的园林艺术，中国古典园林模拟自然，追求自然美，西方园林则强调几何构图。园林艺术更直接地反映了人们渴望亲近自然，与自然相融的美好愿望。

0.3.2 变革和稳定

如果简要概括中西建筑文化的主要特点，许多艺术史家都会选择“变革”和“稳定”。“变革”确切地描绘出西方古代建筑发展的轨迹，从纪元前古老的埃及建筑、两河流域建筑，稍后的古希腊、古罗马建筑，一直到公元后罗马帝国和中世纪基督教建筑，“变革”一直是西方建筑文化的主调。尽管这些建筑之间存在着一定的继承和借鉴关系，但似乎“遗传因子”的统一性变成“隐性”的了，建筑形象反映出较为明显的差异性，呈现出变化多样的风格。即使在同一时期之内，各种不同用途的建筑也各具特色，给人们留下了众多宝贵的艺术形象。

以西方古典建筑中最负盛名的希腊柱式为例，它是希腊人在借鉴外来建筑文化的基础上，勇于变革创新和不断完善而逐渐创造定型的。柱式中最先定型的是多立克柱式，据西方建筑史家分析，它的演变和成熟大约经历了二百年时间。由早期粗大硕壮的木柱逐渐向挺拔的石柱发展，柱高与柱径的比例越来越大，柱身和柱头的轮廓线也逐渐挺拔。此外，贯通柱身的上下带有棱角的凹槽，是从古埃及陵墓建筑中的柱子上借用来的，只不过先将方柱切去四角变成八角柱，后来又切去八角变成十六角柱，最后形成二十边形的多棱角立柱。多立克柱无柱座，高大的柱身直接立起在地面平台上，显得刚毅有力。

和多立克柱式一样，爱奥尼克柱式亦因其最初流行的地区而得名，小亚细亚爱琴海边上的爱奥尼亚便是它的故乡。爱奥尼亚富庶而强盛，文化艺术也很发达，以建筑和雕刻闻名。爱奥尼克柱式比多立克柱式细长，柱高约为柱径的九倍，柱头装饰极具特色：正面和背面有两个很大的涡旋，显得华丽而轻巧。涡旋的原型是用植物叶子做成的装饰物，据考证，其形式与古埃及壁画中蓝荷草的叶卷相类似，后来在叙利亚、米诺以及迈西尼的室内装饰中都出现过，而聪明的爱奥尼亚人将这涡旋加以改进放在柱顶上，形成独特的柱式的风格。

到了公元前5世纪，又出现了华丽秀气的科林斯柱式。科林斯是古希腊一个著名的城市，柱式以爱奥尼克式为基础，将柱身拉得更长（柱高为柱径的十倍），用一个饰有毛茛叶的倒钟形花篮代替了柱顶的两个涡旋。根据古罗马著名建筑理论家维特鲁威考证，发明这一柱式的是科林斯的一位青年青铜器工匠，而他又是受一位少女墓前置放的美丽花篮所启发。

三种古典柱式在风格上的变化，反映了希腊人对建筑艺术的执著探索和创新精神（见图0-27）。

中国古代建筑和古老的中华文化几乎是同步发展的，有着悠久的历史和稳定的系统。正如已故的建筑界前辈梁思成教授在《我国伟大的建筑传统与遗产》一文中所说：“中华民族的文化是最古老、最长寿的，我们的建筑同样也是最古老、最长寿的体系。在历史上，其他与中华文化约略同时、或先或后形成的文化，如埃及、巴比伦，稍后一点的古波斯、古希腊以及更晚的古罗马，都已成为历史陈迹。而我们的中华文化则血脉相承，蓬勃地滋长发展四千余年，一气呵成。”

我国古代政治与经济的发展与西方大不相同，远在商周时期，就已形成了君王集权的统一国家。秦

图 0-27 希腊柱式比较

(a) 多立克柱式;(b) 爱奥尼克柱式;(c) 科林斯柱式

始皇灭六国之后,封建大一统的中央王朝在我国延续了两千余年,经济结构也始终以自我调节和完善的小农经济为基础,人们的生活相对平和、稳定,建筑只要能满足使用需求,就不大想着去改造它。梁柱组合的木构框架从上古一直沿用到清末,是我国建筑文化系统稳定性最有说服力的例子。人类早期的建筑活动,由于取材加工的方便,一般都以树木为主要结构材料,然而木材易腐烂、不坚固,又易引起火灾,随着工具的不断改进及经验的日益丰富,木材渐渐被石材所代替。在西方这种替代发生得非常早,古埃及和古希腊的重要建筑都经历了这一结构性的转变。特别是神庙建筑,为了确保其永久性,往往逐步以石构件来代替木材,如希腊奥林比亚的希腊神庙,每当围廊木柱朽坏一根,就代之以石柱,由于替换是在很长的时期中进行的,以致换上去的石柱根根不同,明显带有各时期的风格特色,有较强的历史可读性,而这种替代却没有在我国古建筑中发生。

春秋战国时期,我国石材加工已有一定水平,能加工硬度很高的玉。到汉代,工匠们已经建造了精巧的石阙,墓室中不但使用了以石仿木的梁式结构,还出现了技术难度较大的砖石拱券,隋代建造的赵州桥,更反映了中国古代高超的石结构水平(见图 0-28),但仍没有人用石材建造活人居住的房屋,至多用于建造建筑的基座(见图 0-29)。中国古代不用石头造房屋这一特点,和古代流行的阴阳五行学说有着较大的关系。

先秦的儒家和道家都讲五行的相生相克,五行又派生出五方、五色,具有各种象征,与建筑的方位、形象及色彩均有关系。其最初是从与建筑直接相关的五种材料而来的,这五材即金、木、水、火、土,石被斥之五材之外。所以古建筑上用得最多的便是土与木,木是结构主材,装修也多用木;为了近土,建筑就

图 0-28　世界最早的浅弧拱石桥——赵州桥

图 0-29　太和殿的石台基

贴着地面层铺开，而不向高处发展；而屋顶的瓦、承重用的砖则是土和水混合之后再加火，是五材相结合加工而成。而用石盖屋则被认为是不吉利的，致使砖石拱券结构的使用很有限。到了明清，长期的采伐使中原地区的森林消耗殆尽，连修缮宫廷也缺乏可作柱、梁的大料，然而就是用铁箍拼合，也不屑以石代木，可见人们对木材的偏爱。

砖石结构的建筑与木结构建筑到底孰优孰劣？这在西方似乎早有定论，一些学者根据木结构形成于砖石之先，认为我国木构建筑系统还停留在落后的状态。其实这是一种偏见，木有木的长处，石也有石的短处。尽管石构建筑坚固、永久、挺拔，但它笨重，结构面积大，室内空间不能自由分划，建造周期长，造价高。古代中国人之所以数千年坚持选择木构框架建筑系统，主要是因为他们逐步克服了木结构的短处，使之远远超越了上古木构建筑的简单形式，完全担当得起建筑文化主角的重任。他们用木材建起了占地数百里的皇宫，用木材建造了各类重要的坛庙和寺院，甚至用木材建构起比西方砖石建筑还要高的木塔。

再者，木结构建筑有其固有的形象特性，比较符合中国人的审美习惯。以我国古代木结构建筑最具特色的大屋顶为例，微微向上反翘的、甚为柔和优美的曲线形式，便是古人按照自己的审美，结合建筑的使用要求长期改进后而形成的(见图 0-30)。

图 0-30　美丽的中国建筑大屋顶和显露结构形式的西方建筑屋顶

我国是个传统的礼仪之邦，古代人们对衣冠仪表也颇为重视，屋顶即为房屋的“冠”，具有重要的装点美化作用。西方古典建筑的屋顶造型，则常是结构形式的直接表露。如圆形或葱头形的穹隆顶是由拱顶结构决定的，三角形屋顶是由梁架形式决定的，犹如人的脑袋不加修饰而直接呈现给观众。这种做法不符合中国人的审美习惯，因而不大容易被大众所接受。

0.3.3　不同的建筑观

在西方传统文化中，对建筑艺术影响最大的莫过于价值观念。建筑观念是人们对建筑艺术的普遍认识，是在艺术发展中逐步形成的。一旦确立之后，便具有相对的牢固性，并对建筑产生巨大的反作用。总的来说，西方人对建筑较为重视，认为它是艺术门类中最重要的一种，是人类思想智慧的凝结，在某种程度上可以说是美的化身。

在古希腊，建筑艺术活动被认为是第一位的。现代英语中的“建筑”——“architecture”一词，是由希腊文词根“archi”与“tect”缀合派生而来的。“archi”的本意是“首要的，第一位的”，“tect”的本意是指“制造者，工作者”。建筑师便是“architect”——第一位的制造者，而“architecture”便是首要的工作，由此也可看出西方人的建筑观念。著名的古希腊哲学家苏格拉底和柏拉图都曾对建筑艺术表现出极大兴趣，其后的亚里士多德曾将古代的各种学科构筑成一个完整的科学体系，在第三类“诗的科学”的首位，明确地写着“architecture”——建筑学(其他两类是政治学和逻辑学)。因为建筑的学术地位较高，研究的人也多，所以西方古代建筑艺术取得了较大的成绩。

我国古代对建筑的看法则比较模糊，他们既在宗法礼制等方面肯定其重要性，又不将建筑视为一种能表达思想，传播文化的重要艺术。在当时的概念中，建筑和衣服、轿子一样，只是满足人们某种生活要求的实用性技艺，如孔子所教授的六艺中，不仅不包括建筑，甚至将宫室营造等归入了百工杂艺。

《圣经·创世纪》中有一则关于人类建造通天之塔的故事。上古时期，出于对上天的好奇与敬畏，人们曾商议要协作建造一座能通往上天的高塔，这就是著名的巴别塔。后来塔越建越高，令上帝也感到震惊，为了阻止人类这一计划的实现，上帝想出了一个办法，他变乱了人类的语言，使其语言不通，彼此产生误解，才终于使这场人类联合向自然挑战的行动半途而废。这个传说反映了西方古代文化中，人与自然相抗争的原始心态。上古时期，由于认识能力的局限，人们对自然总是充满着敬畏，但这种敬畏之于西方人和中国人却有不同的侧重。在西方人的敬畏中，暗含着对立和抗衡心理，而中国人的敬畏则多体现在主动对自然的协调和适应。

建筑是古代人们所能创造的最宏大、最坚固的艺术品，因此，在西方，建筑被用作表示力量的标志，作为对抗自然的手段。西方古典建筑强调建筑的个性，每座建筑物都是一个独立、封闭的个体，常具有巨大的体量与尺度，已远远超出了人们举行各种活动的需要，而纯粹是为了表现一种理念。即使那些坐落于郊野或海边的建筑，也往往形成一种孑然孤立的空间氛围，山水自然环绕着高耸壁立而又傲然独存的建筑，两者永远是隔离和对立的。在造型上，西方建筑也体现出与自然相抗衡的态度。那些纯几何形式的基本造型元素，如密实平直的厚墙、凸结构的拱券、粗梁笨柱等，与自然界山水林泉等柔和的曲线轮廓线形成强烈的对比和反衬；建筑师在外轮廓的处理中，有意强调砖石结构的体量；强调矩形、三角形或圆形的几何性；强调凸曲线或凸曲面的外张力，特别是那些常见的巨大穹隆顶更是赋予建筑向上与向外延伸的特点。这与建造塔的寓意似乎有某种内在的吻合。

中国传统建筑则反映了中国古代的宇宙观，儒家的重要经典《易经》认为，建筑上栋下宇，以待风雨，为大壮卦。大壮卦上虚下实，对应中国建筑上部木结构下为石台基的构图特点。同时，在我国传统建筑文化中，很少有过如西方般视房屋为永恒、不朽之纪念物的思想，更谈不上与自然相抗衡。在中国人眼中，建筑也如衣服等日用品一样，需要不断更新，进行新陈代谢，并要求与自然保持和谐。将建筑比作衣服的说法，历代古籍中有不少记载，最著名的是晋人刘伶。他是竹林七贤之一，纵酒放达，不羁礼教，酒后常“脱衣裸形于屋中”，有人责其无礼，刘伶便说，“我以天地为栋宇，屋室为裈衣”。清代的园林建筑家、戏剧家李渔也说过:“人之不能无屋，犹体之不能无衣”。衣服当随时更换，不断更新，以这种态度看待建筑，一方面要“着装得体”、讲究实用，另一方面要求时常维修、漆沐和重建。当然，中国也有把建筑比作国家政权的说法，如用“汉室”“晋室”比喻汉朝、晋朝政权，当封建王朝的政权发生危机时会用“大厦将倾,一木难支"来形容,但中国人用建筑比喻政权时,更多的寓意其实集中在建筑的台基上。

木结构建筑作为一个重要的建筑起源,在西方也曾一度盛行。如洛吉埃神甫在1753年出版的著作《论建筑》一书中再现了古代原始木屋形象,由柱子支起屋顶,他认为古代柱式就是从原始木屋演进而来,由柱子承受重量是建筑的本质,而那些文艺复兴以来就一直盛行的壁柱、半柱、1/3柱、附柱、装饰性山花、基座甚至墙体,都不过是附加于建筑上的虚饰,都应该被摒弃。由此可见,木结构建筑对西方建筑的演进也具有重要的贡献。

0.4 浙江建筑文化的延续和发展

浙江对中国建筑文化有着卓越的贡献,同时具有自己鲜明的文化特点。

浙江地处中国东南沿海,有着优越的自然环境和人文环境,浙江建筑在适应环境的挑战中形成了独特的建筑文化。浙江建筑历史悠久,早期的河姆渡遗址发现了最早的榫卯结构,近年又发现了中国最大的古城——良渚古城,浙江建筑在漫长的历史进程中积淀了丰富的内容,为今天的祖国建设提供了宝贵的资料,值得我们深入研究。

0.4.1 历史渊源

7000年前,与中原以"黍、麦"等旱地作物为主的黄河文明不同,浙江发展了稻作文化,浙江的建筑传统也可追溯到这一时期。当时的先民们发展了干阑式建筑以适应浙江水乡的地理特征,在河姆渡遗址中我们可以看到中国最早的榫卯结构(见图0-31),这是浙江建筑发展的开端与源头。

2007年11月,考古发现了良渚古城,是迄今发现的中国最早、规模最大、保存最好的城址。古城东西长1500~1700米,南北长1800~1900米,略呈圆角长方形。城墙下垫石块,上夯黄土,部分地段城墙残高4米多,宽40~60米。据推测,这次发现的是内城,相当于古北京城的紫禁城,其外还应有更大的外城(见图0-32)。

图0-31　河姆渡遗址中的榫卯结构

图0-32　良渚古城外城

大禹是中国历史上第一王朝夏朝的立国始祖，也是古代伟大的治水英雄，大禹治水的故事在中国家喻户晓，是中华民族精神文化的源头。传说他死在浙江，葬在会稽，至今在绍兴仍有大禹陵(见图 0-33)。

图 0-33 大禹陵

春秋战国时期，百家争鸣，发生在浙江大地的吴越争霸成为千古绝唱，也为浙江人的文化性格定下了基调。与中原大量的夯土高台陵寝不同，在绍兴发掘的印山越王陵则因山为陵，山就是陵，陵就是山。墓坑从山顶岩层剖开，长达一百多米，内立四十余米长的人字形墓椁，与中原的方形墓椁完全不同，是全国至今唯一的发现。

秦汉年间，浙江还是杂处百越的蛮夷之地，到了晋室南迁，江左豪族已成为华夏文化的正统，并在此期间创造了辉煌的文化艺术成就，如谢灵运的诗，“王羲之”的字等。兰亭，是古代名士们的雅集之地，较之后来的苏州园林少了几分雕琢，取而代之的是浑然天成的雅致，与主人“仰见宇宙之大，俯察品类之盛”的开阔洒脱相得益彰。(见图 0-34)。

图 0-34 兰亭鹅池

0.4.2 诗意栖居

盛行于魏晋的清谈之风孕育了浙江的道家传统。山水浙江,当时是道家最神往的地方,也是佛教文化发展最快的地方。佛教在浙江主要包括天台、华严和禅宗等门派。在浙江的文化传统中,禅宗文化、道家的老庄之学与儒学相互影响,在浙江的文人中逐渐形成了外儒内道或外儒内释的特点。

一方面儒家的经世致用仍然是社会的主导,而在个体内部,以道、禅为基础的人的主体意识的觉醒则明显地反映于文学和绘画中。而建筑,尤其是私人空间,除了传统的顺应自然外,开始更注重内心的体验,从单纯的环境美,已上升到意境、氛围与内心的契合上。

另一方面,历经隋唐盛世,浙江成为国家的经济重地。钱氏立国杭州,更使浙江比中原多享了几十年的太平,期间浙江建筑技术的发展已经超越了中原。北宋年间,杭州匠人俞皓进京,最终促进了《营造法式》的勘定与颁布。到了南宋定都临安(杭州),浙江的建筑发展达到空前繁荣。在这一时期,不论是城市、宫室、庙宇,还是园林的建设,对于环境的关注、自然的尊重已成为地域文化的共识。五代钱镠营造宫殿时曾有术士劝其填塞西湖,在其上营宫室可以“王千年”,钱王说,百姓是靠西湖水灌田的,无水便无民,无民哪里还有国君,再说哪有千年不换人主的?我有国百年也就够了。最后在凤凰山建造王宫,保留了西湖。同样,杭州城的建设并不是完全遵循“匠人营国,方九里,旁三门,前朝后市,左祖右社”的定制,而是沿山势而修,呈南北长东西窄的腰鼓形。从今天所见的六和塔、保俶塔和雷峰塔来看,其选址和建设完全突破了简单的塔与寺庙的关系,而从更大的空间范围思考人工与自然的融合。

明清以后,浙江的建筑文化已形成了一整套与自然共存的法则:在微观的单体建筑层面,具有相当的自由度,可随意组合。院落设计方面一般会在考虑传统社会宗法及礼仪需求的基础上,呈现一定的几何张力。当院落之间组成村落和集镇时,则往往以河流、山脉和道路为脉络,根据使用要求,顺应自然,有机组成。在传统市镇和村落的建设中,实用性的需求与景观的需要紧密结合,真正做到了建筑的最高境界“因其地,全其天,逸其人”,即因地制宜,保全天趣,节省人力。

绍兴的沈园因陆游的《钗头凤》闻名,沈园园池优美,建筑布局疏密有致,主体建筑靠近水池单独布置,不用游廊联系,整个环境疏朗开阔,凄婉动人。沈园位于绍兴市区东南的洋河弄(见图 0-35),由一位姓沈的绅士所建,故名沈园。园内建有楼台亭阁,假山池塘,环境优美,历代文人墨客常来此游览,赋词作画。

沈园闻名的另一原因与宋代诗人陆游的一桩悲剧有关。陆游初娶表妹唐婉,夫妻恩爱,却为陆母所不喜,陆游被迫与唐婉分离,后来唐婉改嫁赵士程,陆游再娶王氏。十余年后春游沈园相遇,伤感之余,陆游在园壁题了著名的《钗头凤》:“红酥手,黄縢酒,满城春色宫墙柳。东风恶,欢情薄,一怀愁绪,几年离索。错,错,错!春如旧,人空瘦,泪痕红浥鲛绡透。桃花落,闲池阁,山盟虽在,锦书难托。莫,莫,莫!”。此次邂逅,不久唐婉便忧郁而死。陆游为此哀痛不已,后又多次赋诗忆咏沈园,写下了“城上斜阳画角哀,沈园非复旧池台。伤心桥下春波绿,曾是惊鸿照影来”等诗句。

宋代以后,沈园渐废,仅存一角。1984 年,依传世《沈园图》重建,总面积 7865 平方米,其中葫芦池、水井、土丘均系宋时遗物。孤鹤轩、半壁亭、宋井亭、冷翠亭、闲云亭、放翁桥等建筑均按宋代法式构建。沈园东部建双桂堂,内辟陆游纪念馆,展出了陆游在沈园的经历以及陆游的爱国史迹和在文学上的辉煌成就。中部为宋代遗物区,有葫芦形水池、假山、古井等。园西为沈园遗迹区,以气势雄浑、形制古朴的孤鹤轩为中心。正南用出土断砖砌成的断垣上，刻有当代词学家夏承焘书陆游的《钗头凤》词（见图0-36），点明了造园主题。东南有俯仰亭，西南有闲云亭，登亭可揽全园之胜。孤鹤轩之北，有碧池一泓，池东有冷翠亭，池西有六朝井亭，井亭之西为冠芳楼。整个园林景点疏密有致，高低错落有序，花木扶疏成趣，颇具宋代园林特色。

图 0-35　沈园（见彩图 5）

图 0-36　钗头凤

更能表现我国古代传统文人内心世界的应是绍兴的青藤书屋(见图 0-37、图 0-38)。高高的院墙似乎想与尘世隔绝,攀附于粉墙上的枯藤、随意散置的湖石,一如其主人徐渭逸笔草草、狂放不羁的画风;而“三间东倒西歪屋,一个南腔北调人”的楹联,更体现了主人超然随性的心态。

图 0-37 青藤书屋(一)(见彩图 6)

图 0-38 青藤书屋(二)

图 0-39 是结合浙江地域建筑特点设计的河姆渡博物馆,其屋顶的设计形成颇具动感的视觉冲击力,入口的处理又具有干阑建筑的特点,浙江传统建筑的神韵由此可见一斑。

图 0-39 河姆渡博物馆

0.4.3 东西融合

在整个传统社会的发展历程中,浙江建筑完成了从自然到自觉、从自觉到自我的历程,具有自身鲜明的特点。来自西方近代工业文明的巨浪打乱了旧式田园牧歌的节奏,宁波、温州和杭州相继开埠,新的交通工具、新的市政设施、新的产业和新的生活方式一下子改变了城市的面貌。一方面旧的审美意识和价值取向仍然在发挥作用,另一方面新的社会在不断地提出新的要求,浙江近代建筑的演化正是在这两种要求中寻找自我的过程。

胡庆余堂建于1878年，由当时红极一时的“红顶商人”胡雪岩创立。胡庆余堂的平面和外观沿袭了杭州传统的药店形式，不同的是为了扩大营业面积，胡庆余堂采用当时国内还十分罕见的玻璃把第一进院落的天井覆盖起来，形成一个中庭(见图0-40)。而玻璃顶棚的结构仍然模仿中国木构屋顶，采用在横梁上立童柱的方法而非后来的“人”字屋架。从整体来说，胡庆余堂仍是采用传统方法建造的建筑，但其在细部的微小变化表现了传统建筑为适应新的使用要求而发生的改变。

图0-40 胡庆余堂

宁波江北天主教堂(见图0-41、图0-42)，位于宁波市“三江口”北岸，整个建筑群由主教公署、本堂区及若干偏屋组成。教堂的平面是典型的拉丁十字形，入口正中是高耸的钟楼，长轴尽端是半圆形的圣室。外观受当时欧洲哥特复兴的影响，带有明显的哥特建筑的细部特色，如入口门洞的多层线脚、尖券门洞和窗洞以及层层上收带有小尖塔的砖柱等。值得注意的是，教堂同时采用了当地材料和形式，拉丁十字形的短轴上覆盖中式硬山屋顶，屋面用筒瓦；半圆形的圣室以中国的攒尖结束，屋面材料采用江南民居中常见的小青瓦，这使教堂又具有浙江建筑的特点。

杭州思澄堂是浙江第一座从总体到细部都力图表现中国风格的基督教建筑。教堂为三层木结构建筑，平面采用典型的西方十字形平面，外观上却具有鲜明的民族特色(见图0-43)。入口两侧被降低的一对塔楼使教堂的屋顶突显出来，短轴上的歇山顶与长轴上的硬山屋顶相交，成为建筑体形的主要表现。虽然中式屋顶在宁波江北天主堂就有应用，但是作为一种建筑造型的表现手段还是第一次；为了减轻教堂垂直向上的趋势，使之表现出中国建筑的水平线条，在双塔和建筑的入口加了一道水平的腰檐；角部做出起翘，用筒瓦覆盖；建筑的入口不再采用券洞透视门，而是中式硬山抱厦。门窗的装饰不再用西方的彩色玻璃，取而代之的是中国的花格门窗。思澄堂所表现的民族形式也不同于后来在20世纪30年代建筑中大行其道的“民族风格”。它没有以一个大屋顶去统领全局，而是强调各体块屋顶的穿插交接，所以没有“民族风格”的堂皇和死板，而是亲民的和活跃的。

图 0-41　宁波江北天主教堂全景(见彩图 7)

图 0-42　宁波江北天主教堂塔楼(见彩图 8)

此外,杭州还有大量近代名人名居:蒋庄、逸云精舍、史量才的秋水山庄、杜月笙的寂庵和俞曲园的俞楼等近百处。这些住宅一方面反映了新旧交替时期社会的历史特点,另一方面又体现了主人的个人背景和修养。在这些建筑中,中西方建筑语言的运用相当灵活,与上海、南京一些由专业建筑师设计建造的小住宅相比,这些结合可能显得简单、质朴,但这种非专业的选择却反映了当时社会在建筑方面的一些审美诉求。在近代浙江,民间的力量往往占据主要地位。

图 0-43　杭州思澄堂

0.4.4　继承和发展

新中国成立以后,浙江城市建设发展迅速,现代建筑规模巨大,功能复杂,但是在建设的过程中对环境的尊重,对氛围和意境的表达仍然是一些重要项目所追求的目标。从 20 世纪 50 年代开始陆续兴建的西湖国宾馆、西子国宾馆、杭州饭店(见图 0-44),都是地处西湖边的大型现代化宾馆,前二者改造自原来的私家园林汪庄、刘庄,在改造中完全尊重所处地段的景观敏感性,以散点的手法排布新建建筑,并控制建筑体量,使其完全融入周边的湖光山色中。杭州饭店是 20 世纪 50 年代的大屋顶“民族风格”,主楼长一百多米,最高处达 6 层,通过采取立面纵向分段、横向分层的处理削弱了其体量,最终完全融入背后栖霞岭的映衬中。

20 世纪 80 年代建设的黄龙饭店(见图 0-45),摆脱了一般大中型宾馆的设计模式,借鉴中国绘画中的“留白”,采用构成的方法将 580 间客房分解成三组六个单元。并在统一的柱网网格上加以组合,形成一个既便于施工，又符合现代化酒店需要的平面框架，同时通过单元之间的“留白”，使自然环境和城市空间得到完全的渗透和融合。在华灯初上时进入大堂，透过若隐若现的水面，可看到灯火辉煌的餐厅，宛如欣赏一幅具有现代气息的立体“夜宴图”。透过塔楼之间的空间观赏细雨中的宝石山时，又可以体会传统水墨画的韵致。传统现代相融合的景观效果，强化了建筑空间的艺术魅力；杭州铁路新客站率先完成了火车站从城市大门的象征意义到城市交通枢纽的转变，其高架广场、交通分流的处理成为在老城区保留火车站的理想解决方案（见图 0-46）；宁波天一广场位于传统街区内的商业中心，其室外空间不再是建筑的附属，而成为解决人流集散的重要渠道（见图 0-47）。

图 0-44　杭州饭店

图 0-45　黄龙饭店

图 0-46　杭州铁路新客站

图 0-47　宁波天一广场

建于 1991 年的潘天寿纪念馆（见图 0-48），原是潘天寿的故居，对于它的改造延续了自青藤书屋以来的浙江文人庭院的内省和表达方式，并融入了现代展示建筑的功能。潘天寿故居是 20 世纪 40 年代的青砖老楼；新建的精品陈列楼也以青砖为外墙，高耸壁立，是一种别样的统一与默契。别致的水池将室内室外、新楼旧楼连成一体，水面清澈，风荷送香。楼前一块方形的草坪，正中央静竖着一块洁白的大理石，似碑似石，纯洁无瑕，上面不留一字，是设计师留给人们去想象、猜测、回味的一笔。与纪念馆相邻，同一建筑师设计的中国美术学院教学楼（见图 0-49），再一次使用了具有传统尺度和象征意义的青砖作为墙面材料，其平面空间构成相当现代和丰富，但在青砖及青灰钢构的控制下，建筑也再次完成了与环境和历史的对话。

图 0-48 潘天寿纪念馆环境

图 0-49 中国美术学院教学楼

2003 年开始建设的浙江美术馆位于西子湖畔(见图 0-50),背靠着苍翠的玉山麓,依山傍水,环境得天独厚。美术馆建筑依山形展开,并向湖面层层跌落。起伏有致的建筑轮廓线达到了建筑与自然环境共生共存的和谐状态。整个建筑,借鉴水墨画和书法的审美趣味,在起伏的天际线中隐喻水墨线条的动态和韵味。传统的规范和精神,加上现代的抽象与变形,实现了古典与现代的细腻对话、人工与天巧的完美结合。它的造型也自然地流露了浙江建筑特有的韵味。隐喻粉墙黛瓦的色彩构成、坡顶穿插的造型特征在传神与继承之间融入了建筑的创作之中。钢、玻璃和石头,不仅仅是材质的对比,也有风骨的映衬。以黑色的铁描其轮廓,银勾铁划,线条刚劲;以白色的石镂为其体,温润之中不失空灵;以光彩夺目的晶体点缀其间,又成为光影变换的丰富要素。方锥、水平体块的形体对比与穿插,使建筑充满强烈的雕塑感。抽象、变形、随机的现代艺术手法与自然的环境、自觉的意识、自我表达的情怀实现了内在的融合,从而表达了美术馆作为浙江现代建筑特有的性格和艺术品位。

图 0-50 浙江美术馆

崇一堂原位于杭州清泰街 77 号,属中国内地教会。原崇一堂及周围的土地有 22.471 亩,是杭州占地面积最大的教堂(见图 0-51、图 0-52)。

由于杭州市信徒人数不断增加,2000 年 10 月,杭州市委、市政府根据基督教的实际情况,同意易地复建杭州基督教崇一堂,并于 2001 年 12 月 21 日由市计划委员会批复立项。

新建的崇一堂位于凤起路东延伸段南侧、新塘路东侧,总面积为 12 480 平方米,其中教堂建筑 7000

图 0-51 杭州基督教崇一堂全景

图 0-52 杭州基督教崇一堂细部

多平方米，能够同时容纳 5000 人礼拜，是一级安全等级、一级耐火等级、绿色环保建筑。设计充分考虑利用先进成熟的现代科技，使建筑的先进性、实用性、未来的可扩展性有机结合，创造良好的宗教氛围和方便舒适高效的操作环境。

崇一堂舍弃了一切浮饰，主体采用花岗岩和青砖，简洁雅致，线条流丽，形如一顶从天而降的会幕。崇一堂采用中心角 120 度，半径为 53 米的扇形平面，打破传统十字架平面，采用大跨度悬挑楼座，没有一根柱子，尽可能使其在听觉上和视觉上达到最佳效果，也体现了众信徒同心合意以及在基督面前人人平等的精神。建筑立面采用对称弧形，花岗岩墙面"会幕式"钟形屋顶，把传统的人字形拱券入口及 5 米宽开敞柱廊的线条简洁处理，使传统与现代有机结合，既保留了宗教建筑的庄严感，又表达了基督教的福音是敞开的。主入口两侧的汉白玉浮雕象征着宗教文化的源远流长。室内设计风格除了沿袭传统的肃穆感外，崇一堂特别强调了光的应用，首先是通过屋顶的“十字”采光天窗的光幕效果以及 50 米高耸的锥顶聚光源灯的点射，使之在外露的钢管桁架结构的衬托下，如旷野中升起的帐幕穹顶。室外 77 米高的十字架，在优美的双曲弧线屋顶的衬托下，刚柔相济，犹如城市建筑的一个标记。

杭州金溪山庄是世界银行在中国所设的首座培训中心，于 1997 年春投入使用。该中心位于西湖风景区杨公堤的西边，建筑与环境融合，屋顶设计灵活，具有明显的浙江地域建筑特色(见图 0-53)。

图 0-53　杭州金溪山庄

进入 21 世纪，浙江建筑发展很快，结合地域特色的建筑不胜枚举，最突出的是环西湖的改造，近几年西湖周围先后进行了南山路、北山路及湖滨的改造，西湖西进东扩，使西湖环境更优美，建筑更亮丽，图 0-54 为西湖南部雷峰塔景观。但也有很多新建筑，忽视地域建筑文化，造成地方特色的缺失，使人不知为何处来客，如图 0-55 所示，透过亭亭玉立的宝俶塔眺望繁华的杭州市区，即有此感。

图 0-54　西湖南部雷峰塔

图 0-55 高楼林立的杭州市区

近几年，由普利兹克建筑奖(The Pritzker Architecture Prize)得主、中国美术学院教授王澍设计的众多建筑(如宁波博物馆、杭州中山路南宋御街、中国美术学院象山校区等项目)，在继承中国传统建筑尤其是江南民居方面取得了独特的成就。以中国美术学院象山校区一期工程为例，校区建筑布置以象山为中心，总体设计灵活、自然，单体建筑古朴、淡雅，建筑构造以木、竹、混凝土、砖、瓦等为建筑材料，尤其难能可贵的是大量采用民间拆房的砖、瓦为材料，通过巧妙的设计构思，以独特的方式回答了建筑与自然、造型与营造、绿色节俭等时代问题(见图 0-56～图 0-58)。

图 0-56 中国美术学院象山校区教学楼——以竹、木作为建筑材料

图 0-57　中国美术学院象山校区教学楼——瓦顶遮阳

图 0-58　中国美术学院象山校区教学楼——瓦屋顶

宁波博物馆建筑是王澍“新乡土主义”建筑风格的最典型代表。这件作品完成于 2008 年，在外观设计上运用了宁波旧城改造中积累下来的旧砖瓦、陶片，形成了 24 米高的“瓦爿墙”，同时还运用具有江南特色的毛竹制成模板浇筑清水混凝土墙，毛竹随意开裂后形成的肌理效果清晰地显现在墙上(见图 0-59)。王澍在谈到自己的设计初衷时表示：“使用瓦爿墙，大量使用回收材料，节约了资源，体现了循环建造这一理念，一方面能体现宁波地域的传统建造体系，其质感和色彩完全融入自然，另一意义在于对时间的保存，回收的旧砖瓦，承载着几百年的历史，见证了消逝的历史，这与博物馆本身是'收集历史'这一理念是吻合的。而'竹条模板混凝土'则是一种全新创造，竹本身是江南很有特色的植物，它使原本僵硬的混凝土发生了艺术质变。"王澍认为宁波博物馆的建成是一种标志，是过去10年探索的"重建当代中国本土建筑学的阶段性总结"，他形象地把宁波博物馆的建造比作中国园林的建造，他说："中国园林在建造之初的状态不是最好的，但当十年之后，通过滋养，它具有了勃勃生机。宁波博物馆运用特殊材料使它有了生命的环境，若干年后，当'瓦爿墙'布满青苔，甚至长出几簇灌木，它就与自然融合起来，真正地融入了历史"。2009年，宁波博物馆建筑荣获中国建筑业最高奖——"鲁班奖"。

图0-59 宁波博物馆建筑外景

崔愷设计的中国杭帮菜博物馆是以杭帮菜为主题，集展示、体验、品尝等功能于一体的主题性博物馆(见图0-60)。项目位于距杭州西湖西南约5千米的江洋畈生态公园内。这里原是一处小山沟，2003年杭州西湖淤泥疏浚工程完工，湖底泥水由泵船抽吸，通过地下管道输送到江洋畈山谷。在历经6年的表层自然干化过程中，数百年来沉积于西湖淤泥中的水生、陆生植物种子纷纷发芽，江洋畈形成了和周边常绿山林景观完全不同的，以垂柳、湿生植物为主的次生湿地。这就是今天江洋畈生态公园的由来。

公园内淤泥的堆积深度从7米到20米不等，现有地表无法承载施工设备的重量，甚至人行其上都有深陷其中的危险。为了保证对生态公园自然环境的最小干预，同时注重建筑施工的可实施性，尽量减低建造成本和难度，根据地质勘测的成果，设计者将杭帮菜博物馆建筑组群布置在钱王山山脚的浅淤泥区域。整个建筑组群由西向东随山势呈线性展开，建筑体量尽可能地靠近钱王山体，以减小对生态公园的影响，同时，结合生态公园园区道路的规划，能很好地满足博物馆观展流线和餐饮区接待的要求。

江洋畈生态公园自身面积不大，进深700米，最宽处不足200米，两侧又有不高的小山挟峙，所以，必须处理好博物馆1.2万平方米的建筑体量和生态公园整体空间环境之间的关系，使之以生态建筑的

图 0-60　中国杭帮菜博物馆外景

角色融入其中，并成为生态公园的有机组成部分。本项目的生态性在于自然有机的形态。自然之处体现在随地势而成；有机之处体现在轻巧灵活，建筑与环境互为载体，共同生长。

杭帮菜博物馆作为一个饮食文化的载体，必然要体现杭州建筑的地域性特点。这一地域性的特点不仅仅在于白墙黑瓦游廊挑檐等这些具体的建筑构成要素，更在于其整体所展示出来的精神气质，具体就杭州而言，就是其“秀，雅”的神韵。设计师用现代的建筑材料和技术手段传递建筑的这种精神气质，再现传统杭州建筑的空间组织精神，使之成为现代的杭州建筑(见图 0-61)。

2016 年 9 月 4 日至 5 日，作为 G20 杭州峰会主会场的杭州国际博览中心，成功接待了 20 个国家及经济组织的领导人。现在 G20 杭州峰会完美落幕，既有大气磅礴国际范、又有婉约儒雅江南元素的主会场杭州国际博览中心，给世人留下了深刻印象(见图 0-62)。杭州国际博览中心单体建筑面积 85 万平方米，是国内较大的单体建筑。杭州国际博览中心坐落于钱塘江南岸、钱江三桥以东的萧山区钱江世纪城。杭州博览中心总占地 19.7 公顷，是集会议、展览、酒店、商业、写字楼五个业态的综合体。建筑面积 85 万平方米，展览面积 9 万平方米，会议面积 1.8 万平方米，国际标准展位 4500 个，无柱多功能厅 1 万

图 0-61 中国杭帮菜博物馆(上图,总平面,下图,掩映在路树丛中的博物馆)

图 0-62 杭州国际博览中心

平方米(如图 0-63)。

图 0-63 杭州国际博览中心会议区(中间的大圆桌直径 30 多米)

杭州国际博览中心的屋顶花园离地面 44 米,面积达 6 万平方米,是世界最大的屋顶花园,相当于 8.5个标准足球场。

博览中心的屋顶城市客厅球面直径 60 米,建筑高度 86 米,是世界最大的城市屋顶球壳之一(如图 0-64),其面积约 2500 平方米。穹顶正中为星空景象;中环为自然天光照亮室内空间,外环为五圈闭合叠加的水墨山水长卷,具有吸音功能。周边的 12 根风柱采用中国"如意"装饰元素,均匀环绕,恰到好处地形成了内外空间的过渡。

图 0-64 屋顶城市客厅(球面直径 60 米)

空中花园地处屋顶城市客厅（午宴厅）外围，极具江南特色，是目前国内面积最大、功能最全、中国特色最浓、生态环境最优的屋顶花园（如图 0-65、图 0-66）。花园整体以“西湖明珠从天降、龙飞凤舞到钱塘”为设计理念，祥云流水般柔美的水系和木栈道环绕着象征西湖明珠的午宴厅。

景观水系从午宴厅两侧假山跌水流出，最后沿观光厅玻璃幕墙形成水幕落下。整个空中花园的景观水源来自博览中心屋面的雨水收集净化系统，体现绿色环保的理念。

杭州国际博览中心土方开挖总量约 220 万立方米，总用钢量达 14.5 万吨，相当于 3.5 个北京“鸟巢”；混凝土 60 万立方米，可以填平 280 个标准游泳池。

图 0-65　屋顶花园

图 0-66　屋顶花园（水景）

小　　结

从原始社会开始，人们在建筑房屋时就必须从功能、技术、形象三方面考虑。房屋首先必须具备一定的功能，它除了防御风霜雨雪之外，还要适应家庭的组织与社会的生产关系需要；其次是取决于当时生产力水平，因为生产工具和技术条件对建造房屋的现实性有直接的关系；再者是在可能条件下还要满足人们的审美要求和精神需要。原始社会的建筑虽然简陋，但却反映了建筑的本质，反映了建筑的最基本、最原始的功能。

建筑发展成为一种艺术，它与一般主要供观赏的绘画和雕塑艺术具有明显的区别。它与工艺美术一样是和使用要求紧密联系在一起的，而且还要考虑到建筑的坚固与否。“实用、坚固、美观”被称为构成建筑的三要素。所以，评价建筑的艺术性，不仅仅是看它的造型和装饰是否美观，还要看它是否做到了实用、坚固、美观的统一。这也是欣赏建筑艺术的基本出发点。

当然，面对古今中外许许多多的优秀建筑，我们可以从很多方面去欣赏。一般来说，可以从建筑的体量美与建筑的环境美、建筑的性格美、建筑的风格美、建筑的造型美与建筑的结构美，建筑的质感美与建筑的色彩美等方面加以赏析。

建筑艺术规律，主要是对建筑构图的理论分析。建筑形象由墙、柱、门、窗、屋顶、台阶等构件组成，这些构件的形状、尺寸、色彩及所用的材料质感不尽相同，它们甚至还有着独特的象征或文化意义，大多数情况下，建筑的平面和体量总是由不同的形状和体块组合而成的，这种组合主要是为了实现功能目的，但是功能目的还要经过构图设计来达到，从建筑欣赏的角度，人们更多的是从建筑形式的视觉属性，诸如形状、尺寸、方位和表面特征以及由表面特征引起的视觉重量感等方面来欣赏建筑。此外，隐含在两个或两个以上要素间的潜在的视觉效果，诸如对称与均衡、比例与尺度、韵律与节奏、对比与微差、变换与等级都是建筑构图的重要范畴。

中国建筑和西方建筑，无论在形象内涵，还是风格情调上，都存在着很大差异。例如，中国的传统建筑，绝大多数是以木材为主要结构框架。它并不突出某一建筑的单体，而是将院落、围墙和建筑组合起来，以实和虚互相搭配的群体效果取胜。而西方建筑则均以石材或砖作为建筑的传力承重构件，它们的外形虽然因地区、民族或宗教的不同而极为多样，但总体上看，都以构图严密的单体建筑为中心，并且常常在垂直方向加以扩展和强化，以高耸的穹隆、钟楼和尖塔来渲染艺术特性。

浙江地处中国东南沿海，有着优越的自然环境和人文环境，浙江建筑不断适应环境的挑战，形成了独特的建筑文化。浙江建筑历史悠久，早期的河姆渡遗址发现了最早的榫卯结构，最近良渚古城又有了惊人的发现，发现了中国最大的古城，浙江建筑在漫长的历史进程中积淀了丰富的内容，为今天的建筑设计提供了宝贵的资料。值得我们深入研究。

“相看两不厌，唯有敬亭山”，我们的审美自信，应从自己所在的城市、地区或本乡本土的建筑开始，从乡土走向世界，认识建筑文化、建筑艺术的多样性，建立较为全面的建筑观。

思 考 题

1. 建筑艺术可以从哪些方面欣赏?
2. 简述建筑艺术的规律。
3. 简述中西方建筑观念的差异。
4. 你能说出中西方建筑在外形上的几点区别吗?
5. 如何理解建筑文化的多样性?
6. 介绍一个自己印象最深的建筑。

1　古西亚建筑艺术

底格里斯河和幼发拉底河下游的美索不达米亚平原被公认为是人类文明最早的发源地，据推测，《圣经》中记载的伊甸园可能就位于这片曾经生机勃勃的富饶土地上。这里曾土地肥沃，但不知何时成了干旱少雨之地，一年中大约八个月的时间没有降雨，必须依靠人工灌溉系统从两河引水才能保证农业收成。而这种大型人工灌溉系统不是少数人所能完成的，只有通过有组织、有规划的大规模集体劳动才能完成。大约在公元前3500年，定居在平原南部的苏美尔人做到了这一点。他们在晒干的泥板上书写文字，传递信息，并创造了以土为基本原料的结构体系和装饰方法。古西亚建筑还发展了券、拱和穹隆结构，随后又创造了可用来保护和装饰墙面的面砖与彩色琉璃砖。这些将建筑的材料、构造与造型艺术有机结合的成就，对后来的拜占庭和伊斯兰建筑产生了很大的影响。

1.1　苏美尔文明

1.1.1　乌尔塔庙(Ur Ziggurat)

早期苏美尔人的社会是由一系列相互独立的城邦构成的。这些城邦间为争夺财富和水源而长年征战。约公元前2320年，一支来自平原北部的军队在首领萨尔贡的领导下征服了整个苏美尔地区。萨尔贡以两河之间的阿卡德(Agade)为首都建立帝国，并维持了约一百年。大约在公元前2230年，萨尔贡帝国被来自东面伊朗高原的一支蛮族古蒂人推翻。又过了大约一百年，公元前2113年，乌尔城的苏美尔人首领乌尔纳姆再次重建了统一的苏美尔帝国，历史上称之为乌尔第三王朝(Ur Ⅲ)。

美索不达米亚流域缺乏石料和木材，因而当地人主要使用太阳晒干的泥砖来建造房屋。在岁月消磨、洪水冲刷以及战争破坏下，其早先的建筑大都已不存在或已化为土丘。保存至今最古老和最完整的苏美尔建筑是乌尔纳姆统治时期建造于乌尔城的月神南纳(Nanna)神庙(见图1-1)，历经四千年风霜，它仍然巍然屹立在美索不达米亚平原上，见证着苏美尔文明的不朽成就。同其他苏美尔神庙一样，这座神庙建造在由泥砖层层叠起呈金字塔状的平台之上，因而有“塔庙”(Ziggurat)之称。它的底层基座长65米，宽45米，四个角分别指向东、南、西、北四个正方位，这表明苏美尔人当时已经具备了相当的天文观测能力。塔庙现存部分的总高约21米，有三条长坡道登上第一层台顶。台顶上原本还有一层基座长37米、宽23米的平台，以及一座月神大庙，均已损毁。据估计，类似这样的神庙大约需要1500名志愿向神奉献的劳动者花五年的时间才能建成，由于泥砖易损，即使在建成之后，也需要耗费大量劳动力不断进行维护。

大约在公元前2006年，乌尔第三王朝帝国解体，乌尔城遭到毁灭性破坏，后来由于幼发拉底河改道而被废弃。苏美尔再次陷入分裂状态。

图 1-1 月神南纳神庙

1.1.2 豪尔萨巴德(Khorsabad)

公元 1755 年,巴比伦的闪米特族阿莫里特人统治者汉穆拉比再次统一了苏美尔—阿卡德地区。在他的统治下,巴比伦一跃成为未来一千多年间苏美尔和整个中东地区最主要的权力中枢之一。

自公元前 1743 年起,新的游牧民族——来自伊朗高原的喀西特人和来自小亚细亚属于印欧语系的赫梯人,先后入侵以巴比伦为中心的苏美尔—阿卡德地区,或称巴比伦尼亚。自公元前 1595 年起,喀西特人就统治着巴比伦尼亚,直到公元前 1169 年被闪米特族巴比伦人所取代。在这期间,位于阿卡德北方的闪米特族亚述人逐渐崛起,成为西亚地区新兴的强大力量。

亚述王国首都几经变迁。1843 年,法国外交官兼考古学家博塔(P. E. Botta)在尼尼微附近的豪尔萨巴德发现了一座宫殿遗址,并判定这是公元前 722—前 705 年在位的亚述国王萨尔贡二世所建造的首都。这是一座典型的亚述城市,其平面近似方形,面积大约 3 平方千米。城市周围用约 50 米厚、20 米高的围墙围合,其间开有七座城门。萨尔贡二世的王宫建在城市的西北部(见图 1-2),高出地面约 18 米,边长约 300 米,近似方形,一部分城墙向外凸出。王宫内包含 30 多个院子,以及一座高大的塔庙。王宫的平面为方形,一条坡道围着塔身盘旋而上。

两座高大塔楼之间的王宫大门采用拱形构造(见图 1-3,为 19 世纪绘制的王宫大门复原图)。这种构造是美索不达米亚人对世界建筑技术发展作出的最有价值的贡献。大量使用泥砖是促使他们发明拱的原因,因为泥砖不可能像石头或木头那样用来构筑平梁,所以只有借助泥砖构成的拱才能扩大室内空间。大门的两侧矗立着巨大的象征智慧和力量的长翅膀的人面牛身浮雕(见图 1-4,现存于巴黎卢浮宫,其中之一为复制品,原物在运输时沉入底格里斯河中),其中最大的高达 4 米,重约 25 吨,其最特别之处在于“长”了五条腿。

1.1.3 新巴比伦城(New Babylon)

公元前 730 年,巴比伦被亚述王国吞并,并于公元前 689 年被亚述军队摧毁,但巴比伦尼亚人并未停止对亚述人的反抗。公元前 612 年,生活在巴比伦尼亚的闪米特族迦勒底人联合伊朗高原的印欧族

图 1-2　萨尔贡二世王宫

图 1-3　萨尔贡王宫城门

图 1-4　萨尔贡王宫城门雕像

米底人攻陷了亚述首都尼尼微。公元前 605 年,亚述灭亡。迦勒底人建立了新巴比伦王国,重建了巴比伦城。在新巴比伦王国第二任国王尼布甲尼撒二世的统治下,古老的巴比伦城再次焕发活力,成为当时世界上最繁荣的城市。

新巴比伦城的平面近似长方形,周长约 8 千米,幼发拉底河从城中穿过。出于防御的需要,整个城市由两道厚 6 米,相互间隔 1～2 米的城墙围成。城墙的宽度足够一辆四匹马的战车转弯。城墙上每隔一定距离都设有塔楼。城墙之外是一条与幼发拉底河相通可以航船的护城河,河上架有九座桥分别通向城门。

城市的正门是北面的伊什塔门。由德国考古学家科尔德威(R. Koldewey)率领的考古队在 1902 年发掘出了这座城门和周围的城墙。这是一座十分高大雄伟的双重拱形大门,原来的高度可能达到 23 米。大门及两边的塔楼表面是有华丽饰边的蓝色琉璃砖,其上有一层层的动物图案。尼布甲尼撒在门上的铭文这样写道："我在门上放上了野牛和凶残的龙作为装饰使之豪华壮丽，人们注视它们时心中都会充满惊异之情"。这些动物浮雕形象预先分成片断做在小块的琉璃砖上，在贴面时再拼合起来，符合批量制作的生产特点[见图 1-5，由德国考古学家复原并陈列在柏林弗德哈希亚提舍(Vorderasiatisches)博物馆中，高度缩为 14 米]。

号称古代世界七大奇迹之一的空中花园可能就位于伊什塔门内西侧的宫殿区中。它是由尼布甲尼撒为其来自伊朗山区的王后阿米娣斯所修筑的。据推测这是一座边长超过 120 米、高 23 米的大型台地园，用一系列筒形石拱支撑，上铺厚土，栽植 20 多米高的大树，并用机械水车从幼发拉底河引水浇灌。

巴比伦的主神马尔杜克神庙位于城市中心，正对夏至日出方向。据古希腊历史学家希罗多德记载，神庙中的马尔杜克神像高约 4.6 米，由 22 吨重的黄金制成。在它的北侧是高耸入云的大塔庙，据说这就是《圣经》中所说的通天塔。在《旧约全书·创世记》中这样写道："那时，天下人的口音言语都是一样。他们往东边迁移的时候，在示拿地遇见一片平原，就住在那里。他们彼此商量说：'来吧，我们要制作砖，把砖烧透了。'他们就拿砖当石头，又拿石漆当灰泥。他们说：'来吧，我们要建造一座城和一座塔，塔顶通天，为要传扬我们的名，免得我们分散在全地上。'耶和华降临，要看看世人所建造的城和塔。耶和华说：'看哪，他们成为一样的人民，都是一样的言语，如今既做起这事来，以后他们所要做的事就没有不成功的了。我们下去，在那里变乱他们的口音，使他们的言语彼此不通。'于是，耶和华使他们从那里分散在全地上，他们就停工不造那城了。因为耶和华在那里变乱天下人的言语，使众人分散在全地上，所以那城名叫巴别。"[见图 1-6，由文艺复兴时期佛兰德斯画家老勃鲁盖尔(P. Bruegel the Elder)于 1563 年创作的《巴别塔》]不论这段记载依据何在，这座塔至少在汉穆拉比最早建造巴比伦城时就已建造起来，

图 1-5　新巴比伦城门复原

图 1-6　巴别塔(见彩图 9)

并在尼布甲尼撒时期得以完善。它原来的边长约 91 米,高度据说也超过 90 米,但千百年后早已被后人拆得片瓦不留。

公元前 539 年,新巴比伦王国被东邻波斯帝国所灭亡,这标志着美索不达米亚文明在持续了三千年之后终于走到了尽头。

1.2 波斯帝国的建筑

西亚古代史的下一个阶段主要由印欧语系的波斯人唱主角。波斯人原本生活在伊朗高原南部,亚述王国灭亡后,他们成为米底王国的一部分。大约在公元前 550 年,波斯人在阿契美尼斯家族的居鲁士的带领下推翻了米底人的统治,在伊朗高原建立了波斯帝国阿契美尼德王朝,首都设在靠近苏美尔的苏萨,这是一座在当时已经有数千年历史的名城。从公元前 547 年到公元前 525 年,波斯帝国先后吞并了小亚细亚的吕底亚王国、新巴比伦王国和埃及王国。在居鲁士和大流士一世的统治下,波斯帝国成为有史以来最幅员辽阔、种族最多的庞大帝国,统治疆域横跨亚、非、欧三大洲,各种民俗、宗教和文化都得到了应有的尊重并取得一定发展,开创了西亚地区前所未有的和平繁荣的生存环境。

1.2.1 帕萨尔加德(Pasargadae)

公元前 547 年,居鲁士计划将首都迁往他的家乡帕萨尔加德。他在这里修建了巨大的花园式宫殿(见图 1-7),花园被水渠划分成四个相等的方形,代表了帝国四方疆土,这种做法后来在伊斯兰教世界被广为效仿。

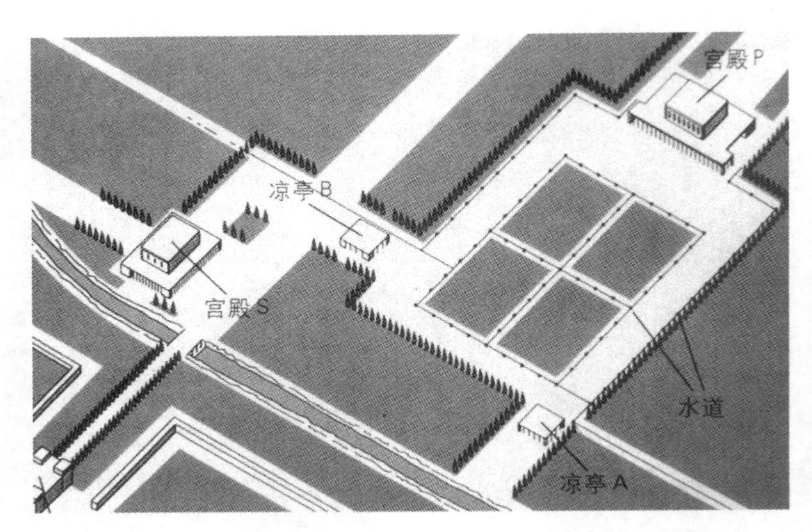

图 1-7　居鲁士花园式宫殿示意

1.2.2 波斯波利斯(Persepolis)

波斯帝国的第三位皇帝大流士一世被誉为帝国的第二缔造者,在他的统治下,波斯帝国达到了鼎盛时期。公元前509年,大流士大帝开始在帕萨尔加德西南的波斯波利斯——意即“波斯城”兴建新的王宫(见图1-8、图1-9),这个工程一直持续到他的孙子阿尔塔薛西斯一世在位时期才基本完工。

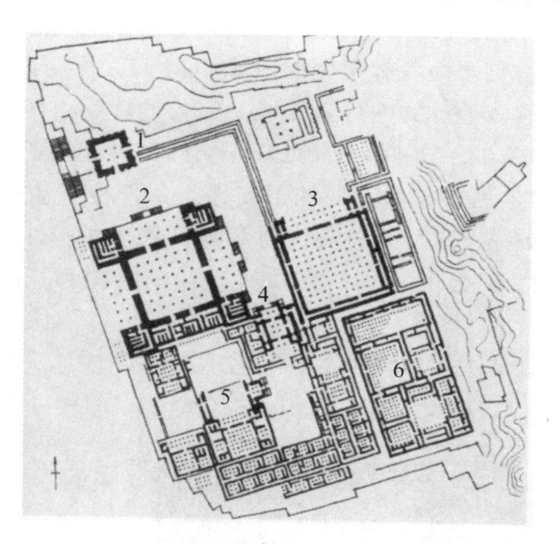

图1-8 波斯波利斯王宫平面图

1—万邦之门;2—泽尔士接待厅;3—大流士百柱厅;
4—三门厅;5—后宫;6—财库

图1-9 波斯波利斯王宫遗址全景

这座宏伟的王宫建造在依山筑起的长450米、宽300米、高13.5米的巨大平台之上,建筑风格具有多民族融合的特点。王宫的入口位于平台的西北角,两条对称的双折阶梯将来客引上平台。阶梯上是以大流士的儿子薛西斯一世命名的大门，它还有一个响亮的绰号："万国之门"。大门口伫立着两尊巨大的带翼公牛雕像，这显然是继承了亚述和巴比伦人的传统。

入口的南面是一座被称为"觐见大殿"的仪典性大殿，大流士在此接见前来朝贡的使节。大殿的基座较整个平台高出 3.7 米，在北、东两面各有宏大的阶梯引向入口柱廊。台阶侧面用石材砌筑，上面饰有帝国的 23 个属国 35 个民族数以千计的朝拜者浮雕。宏大的柱廊由两排共 12 根超过 20 米高的巨柱支撑，柱顶是一对背靠背跪着的公牛。这些柱子的比例十分修长，吸收了小亚细亚希腊殖民地的爱奥尼克柱子的特点。大殿内部 62.5 米见方，由 36 根柱子支撑。每根柱子高 23.15 米，柱径 1.9 米，只有高度的 1/12，柱头由覆钟、仰钵、几对竖着的涡卷和一对背靠背跪着的公牛组成，柱头高几乎占整个柱子高度的 2/5。柱子间的距离很大，中心距为 8.9 米，如此轻盈的结构和宽敞的空间在古代世界柱式大殿中是居第一位的。

觐见大殿的东面还有一座柱式大殿，现被称为"百柱大殿"或"宝座大殿"，它与觐见大殿具有相同功能，大殿内部 68.6 米见方，内有 11.3 米高的石柱 100 根(见图1-10、图 1-11)。

图 1-10 大流士百柱厅复原图

图 1-11 柱头复原图

百柱大殿的南面是王宫的财库，也由一系列的柱式大殿组成。觐见大殿的南面则是大流士和薛西斯的寝宫。其中薛西斯的寝宫周围附有多达 22 间"后宫"。

公元前 490 年和公元前 480 年，波斯帝国两次入侵希腊。公元前 332 年，亚历山大大帝率领希腊马其顿大军回击波斯，攻占了波斯波利斯，波斯帝国就此灭亡。为报复 150 年前波斯军队对雅典的占领和破坏，亚历山大大帝下令放火烧毁了波斯波利斯宫，其中的财宝被洗掠一空，据说足足动用了 1000 对骡子和 5000 头骆驼来搬运，这座宏伟的宫殿最终也被风沙瓦解湮没。

1.2.3 泰西封宫(Palace of Ctesiphon)

亚历山大的胜利将当时最先进的希腊古典文化推广到了整个波斯帝国境内，历史上称之为"希腊化"。这个历史上最伟大的征服者本想建立一个真正的全球帝国，但上天赋予他的生命太过短暂了。公元前 323 年，亚历山大在巴比伦突然去世，年仅 33 岁。亚历山大死后，他的江山迅速分崩离析。在原波斯帝国版图上，亚历山大的部将建立了两个主要的希腊化王国，其中之一是埃及的托勒密王朝，另外一个则是西亚的塞琉西王朝。当塞琉西王朝陷入与西方罗马人作战的困境时，生活在伊朗东北部的游牧民族安息人(Parthian)趁机崛起，并最终取代了塞琉西王朝，成为西亚这一古老文明区的新主人，与强大的罗马隔河(幼发拉底河)对峙。安息帝国的首都设在泰西封，与古老的巴比伦相距不远。安息帝国深受希腊化的影响，并将这一影响传给了下一个由波斯人创建的帝国——萨珊帝国，历史上因其对原居鲁士创立的波斯帝国阿契美尼德王朝的推崇而又称之为第二波斯帝国。萨珊帝国于公元 224 年取代了安息帝国，成为美索不达米亚和波斯地区在伊斯兰教阿拉伯人崛起之前的最后一个古代帝国。

萨珊帝国的首都也设在泰西封，在这里他们建造了著名的泰西封宫(见图1-12)。这座宫殿在未发生 19 世纪末的严重倒塌之前原本更加雄伟壮观(见图 1-13)，其立面的柱式和拱券做法具有罗马建筑的特点，而立面中央面向庭院的巨大拱形门廊(跨度 25.3 米、高 36.7 米)的做法则被其之后的伊斯兰教世界广为应用。

图 1-12　泰西封宫残迹

图 1-13　泰西封宫原貌

小　　结

古西亚的建筑成就在于创造了以土作为基本原料的结构体系和装饰方法。古西亚建筑发展了券、拱和穹隆结构，随后又创造了可用来保护和装饰墙面的面砖与彩色琉璃砖。这些将建筑的材料、构造与造型艺术有机结合的成就，对后来的拜占庭和伊斯兰教建筑产生了很大的影响。

思　考　题

1. 简述波斯波利斯王宫的建筑成就。
2. 绘制古西亚柱子简图，试述其特点。
3. 谈谈号称古代世界七大奇迹之一的新巴比伦“空中花园”对现代建筑的影响。

2　古埃及建筑艺术

古埃及建筑规模庞大，其石结构建筑已达到很高水平。古埃及建筑有着与时间一般永恒的纪念性，主要体现在各个时期所建造的陵墓和神庙上。无论是造型简洁的金字塔，还是整体有序的神庙建筑群，无不诉说着古埃及建筑的辉煌艺术成就。

2.1　陵墓建筑

人类历史上第二个文明的发源地位于埃及的尼罗河流域。可以断定，在这个文明时代诞生之初，曾受到与尼罗河相距不远的苏美尔文明的某种影响。然而，埃及人在开发尼罗河流域以及三角洲丛林沼泽地带的过程中，创立了具有独特风格并且极为安宁持久的地区文明。大约在公元前3300年，这一地区逐渐形成了两个王国，一个位于南方上游被沙漠包围的狭窄的河谷地带，名为上埃及；另一个位于北方下游宽阔的三角洲地区，称为下埃及。公元前3100年左右，上埃及国王美尼斯顺流而下征服了下埃及，建立了统一的埃及王国，首都定在三角洲起始点的孟菲斯——原来的上、下埃及交汇处。这一统一时间不仅比最早出现文明的苏美尔和阿卡德地区的统一早了大约七百年，而且统一状态所持续的时间极长，大约两千年中间只有两次间断。这完全应该归功于埃及易守难攻的天然地理优势，除了东北方狭窄的苏伊士地峡以外，埃及的东西两面都是沙漠，北方是大海，南方则是茂密的丛林。这一地理特点使得埃及文明的发展在很长一段时期内具有极强的连贯性。

2.1.1　玛斯塔巴(Mastaba)

从公元前3100年到公元前2150年这段时间，埃及经历了历史上第一个持久的政治稳定期，史称古王国时期。这一时期最具代表性的建筑类型是陵墓。

古埃及人相信法老是太阳神的儿子，是活着的神，他的灵魂是永恒的。法老活着的时候只是灵魂在躯体内做短暂停留，他死后，灵魂伴随尸体度过一段极为漫长的岁月后，会升入极乐世界开始新生。埃及人普遍认为，只要他们倾尽全力为法老修建一个特别的陵墓，以让法老顺利升天而永享极乐天国，那么神就会保佑人间的繁荣。因而陵墓成为古埃及最重要、最值得耗尽心血和最有代表性的建筑。

早期的帝王陵墓地表部分呈长方形平台状(见图2-1)，侧面略有倾斜，多用泥砖建造，内有厅堂，用于放置死者在陵墓中将要“使用”的一切“生活”用品。这种陵墓形状看起来与当地常见的板凳相像，后来人们习惯用阿拉伯语的“板凳”——“玛斯塔巴”来称呼它。墓室部分则深埋在玛斯塔巴的地下，用阶梯或斜坡通道与地面入口相连。

2.1.2　萨卡拉的昭赛尔金字塔(Pyramid of King Djoser)

随着岁月的流逝，帝王陵墓逐渐改用更具有永久性的石头建造，一方面可能是出于用作“通天梯”的

图 2-1 玛斯塔巴

考虑，另一方面也是为了强化对法老本人的崇拜，在平顶的玛斯塔巴上部用重叠的方式进行加高，逐渐形成阶梯形金字塔状陵墓。公元前 2650 年，第三王朝的创建者法老昭赛尔委托建筑师伊姆荷太普(Imhotep，历史上第一位留下姓名的建筑师，死后被尊奉为神)在孟菲斯西郊的萨卡拉(Saqqara)设计建造了埃及历史上第一座阶梯形金字塔(见图 2-2)。

图 2-2 昭赛尔金字塔

这座里程碑式的金字塔底边呈长方形，东西长 126 米，南北宽 106 米，高约 62 米，上下分为六层，完全用石头建造，是历史上第一座使用如泥砖般平整的石材兴建的建筑。法老的墓室按照玛斯塔巴的习惯深藏在塔下 25 米深的竖井中。它的周围还建有祭祀用的神庙、模仿王宫的附属建筑物以及陪葬的墓群,整体占地547米×278米,由一道高约10米的石墙围合。总入口设在东南角一个方形门洞中,祭祀的人由这个入口进去,里面是一个约70米长的黑暗甬道。走出甬道,明亮的天空和巨大的金字塔突然同时呈现在眼前,强烈的对比震撼人心,造成人从现世进入冥界的假象。

对于法老来说,陵墓就是他在阴间的宫殿,因此陵墓建筑与宫殿十分相似,如入口大厅的柱子就模拟早期用木材和芦苇建造的宫殿的细节,陵墓内象征死者与生者的精神连接的“假门”上甚至连芦苇编的帘子都细致入微地刻画出来。

2.1.3 美杜姆(Meidum)和达舒尔(Pahshur)金字塔群

昭赛尔阶梯形金字塔的建造开始了人类建筑史上一个奇迹般的阶段。接下来古埃及人用了差不多一百年的时间来探索更加完美的金字塔形式。

大约始建于公元前2600年第三王朝后期的美杜姆金字塔开始时仍然延续了阶梯形金字塔的特点,但在公元前2575年第四王朝建立者法老塞尼法鲁执政后,对这座已建有八层的阶梯形金字塔进行了改造,用石块将所有阶梯填平,使之成为一座拥有52°倾斜角、正方形、底边长144.5米的真正的方锥形金字塔。这种造型不仅更加简洁,而且与阳光穿越云层时呈现的放射状光芒极为一致,象征着天堂的召唤,成为后来金字塔的标准造型。但这座金字塔的外表石块后来几乎被盗光,留下的仍是早年建造的阶梯形内核,残高约76米。

塞尼法鲁法老在孟菲斯以南另一个叫达舒尔的地方还建造了两座金字塔,为金字塔的最终定型奠定了基础。其中之一建于公元前2570年,底边长187米,原本大约是要建为方锥形,但由于倾斜角过大(约60°),工程难以继续,所以在一半的高度将倾斜角改为45°,使之成为一座总高约105米的奇特的“弯曲金字塔”(见图2-3)。达舒尔的第二座金字塔建于公元前2560年,因其使用红色石灰石建造,而被称为“红色金字塔”。它是一座倾斜角为52°的真正方锥形金字塔,它的完成清楚地表明金字塔的造型已经成熟。

图2-3 达舒尔金字塔

2.1.4 吉萨金字塔群(Giza Pyramids)

埃及金字塔建筑的巅峰时刻来临了。公元前2500—前2465年,塞尼法鲁的儿子胡夫、胡夫的儿子哈夫拉以及哈夫拉的儿子门卡乌拉等三位法老相继在孟菲斯西北的吉萨建造了三座大金字塔(见图2-4)。其中门卡乌拉金字塔,高66.4米,底边长108米;哈夫拉金字塔,高143.5米,底边长215米;胡夫金字塔,原高146.6米,现为137米,底边长230米。这三座大金字塔是古埃及金字塔艺术最成熟的代表,塔身倾斜角均为52°,几乎都是典型的正四棱锥。此外,它们的排列方向与夜空中著名的猎户星座腰带上三颗亮星的位置几无二致,为后人留下无尽的遐想。

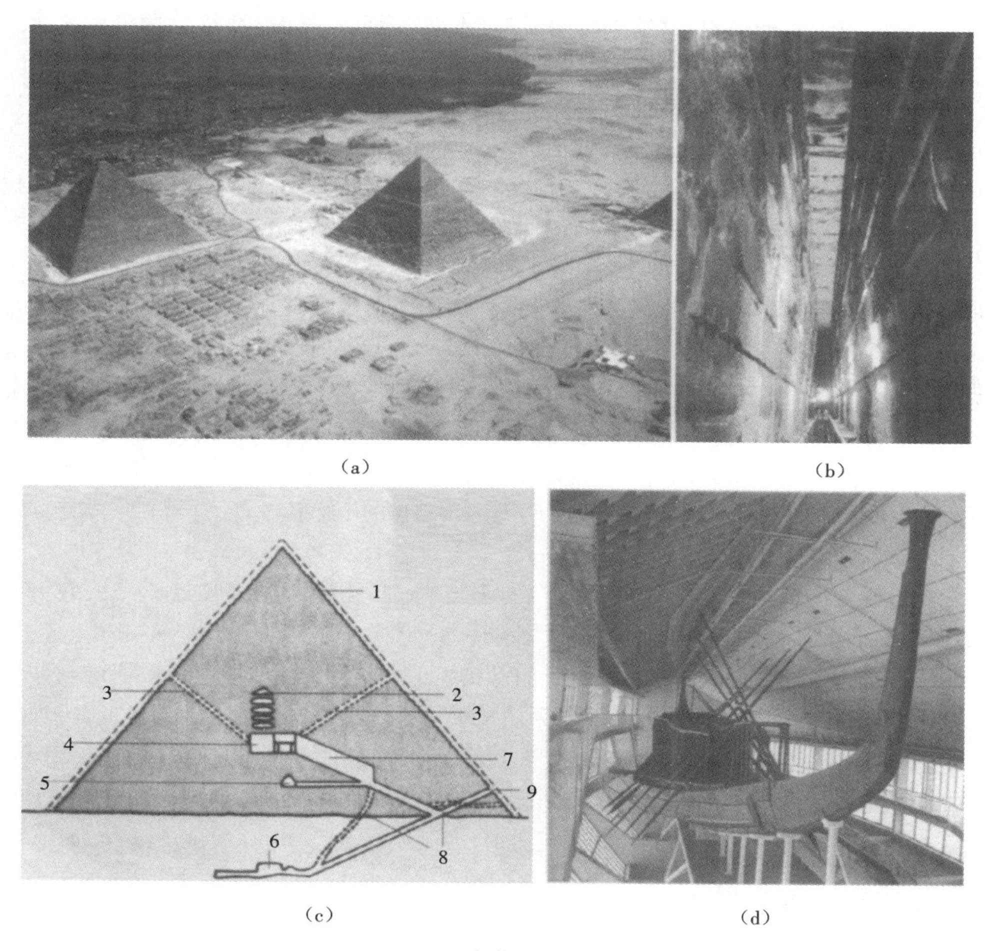

图2-4 吉萨金字塔群

(a) 金字塔群鸟瞰;(b) 金字塔内部梯道;(c) 胡夫金字塔剖面;(d) 法老升天的圣舟

1—原来贴有石块面层的金字塔轮廓线;2—巨型石块;3—通气孔;4—国王墓室;5—王后墓室;6—假墓室;7—大通道;8—地道;9—主入口

胡夫金字塔是古埃及最大的一座金字塔。它是由大约两万名劳工在三十年左右的时间里利用每年定期的洪水泛滥季节，运送约 230 万块平均重 2.5 吨的石块叠砌而成。这么一座亘古未有的巨大体量的人工建筑物，其施工精度之高简直令四千五百年之后的当代匠人也自愧弗如。据现代测量，胡夫金字塔东、南、西、北各面底边长分别为 230.56 米、230.63 米、230.53 米、230.42 米，其中最长边与最短边的差距只有 21 厘米，而南北两边的间距误差只有 3 厘米，两个对角的高度误差仅 1.24 厘米，即使在当代建筑中能够实现这样小的误差率也堪称奇迹。

胡夫金字塔入口在北面离地 17 米高处，通过长长的甬道与上中下三墓室相连，其中处于所谓的“皇后墓室”与“法老墓室”之间的甬道长 46.6 米、高 8.5 米、宽 2.1 米，坡度达 26°。此外，“法老墓室”中还有两条通向塔外的极为细长的通道，其截面只有 20.3 厘米×15.2 厘米，可能是为法老灵魂升天而设的道路。

胡夫金字塔的东面还有三座较小的呈一字排列的金字塔，据信是为法老的三位皇后建造的。在这些金字塔的周围还散落着许多陪葬的玛斯塔巴。

由于胡夫金字塔的顶部风化掉落，使得它西南方的哈夫拉金字塔显得更加高大。哈夫拉金字塔的附属神庙也保存得更为完整，它与胡夫金字塔的附属物一样都是由靠近尼罗河边的河谷神庙、金字塔下的殡仪神庙以及连接两庙的一条数百米长的有顶甬道构成。当时的殡葬队伍在尼罗河西岸下船进入墓区，在河谷神庙内一系列纵横对比的空间举行再生仪式后，走过这条 500 米的黑暗甬道来到金字塔下的殡仪神庙，再从神庙西北角的开口进入围闭金字塔的围墙内，绕到金字塔北部，再进入墓室安葬。1954 年，埃及考古学家马拉克在胡夫金字塔南侧的考古发掘中意外发现了一条当时用于载运送葬队伍的出殡船，这条船全长 43 米，主要用雪松木制成，经修复后如今陈列在金字塔旁的博物馆中。

哈夫拉在建造金字塔的同时，还在他的河谷神庙旁建造了一尊长 73.5 米、高 19.8 米的守护神大斯芬克斯像(Great Sphinx，即狮身人面像，见图 2-5，背景是哈夫拉金字塔)。这尊雕像除前肢部分外，其余全由一整块石头雕琢而成。它的脸部形象即法老本人，面向太阳升起的地方。

一位法国作家曾为这三座金字塔所呈现出来的永恒魅力所打动，他感叹道：“……它们在那里待了如此长的时间，以至于连天上的星斗都换了位置”。

第六王朝时期，长期稳定的中央统治局面开始动摇。到该王朝结束时，中央政府的权威已经完全丧失，地方长官据地为王，国家陷入分裂状态。繁荣了 8 个多世纪的古王国时期结束了，古埃及进入历史上第一个动乱时期，或称“第一中间期”。这种分裂状态持续了一百多年，直到公元前 2040 年，割据上埃及底比斯的第十一王朝法老门图荷太普二世重新统一了上、下埃及，定都底比斯。古埃及历史进入了中王国时期。

2.1.5　第十二王朝的金字塔

中王国在第十二王朝时达到鼎盛，他们向南征服了今埃及、苏丹边境地区的下努比亚，向北则深入到巴勒斯坦和叙利亚。出于政治上的考虑，第十二王朝将首都迁回孟菲斯附近，底比斯则成为国家的宗教中心。在孟菲斯，中王国的法老们继承了修建金字塔的传统。但在经历了第一中间期的动荡以及不断出现的盗毁金字塔的事件之后，法老们的威信和神性受到很大影响，人们对修建金字塔的热情和信念已远不能同第四王朝时相比。新建的金字塔已不再完全用石头建造，许多金字塔的核心部分改用更廉

图 2-5 哈夫拉金字塔和狮身人面像

价且牢固性大大降低的泥砖砌筑，只在外表覆上石块。但就是这些仅有的石块有的还是从包括胡夫金字塔在内的古王国金字塔上劫掳来的。古埃及金字塔建筑的黄金时期已经成为历史。

2.1.6 埃及新王国时期(公元前 1550—前 1070 年)

公元前 1783 年第十二王朝结束后，埃及中王国又陷入了动荡状态。在第十三王朝统治的短短一百多年间，先后更换了 65 位法老。恰与喀西特人入侵巴比伦尼亚同一时间，一群来自叙利亚的闪米特族喜克索人驾驶着埃及人未曾见过的马拉战车入侵了尼罗河三角洲地区，并在公元前 1640 年取代了第十三王朝，成为下埃及的主人。埃及进入历史上的“第二中间期”。

退至底比斯的上埃及人并未屈服，公元前 1550 年，在第十八王朝的创建者阿莫西斯的带领下，他们使用从敌人那里学到的作战技术和武器将喜克索人逐出埃及，开始了埃及历史上最强大的新王国时期，或称帝国时期。

有过遭受外来入侵的教训后，以底比斯为首都的新王国统治者奉行御敌于国门之外的政策，并开始四处扩张。到公元前 1458 年图特摩西斯三世在位时，埃及的势力已达到高峰，控制了南到今苏丹，北到中东巴勒斯坦、叙利亚，甚至远至幼发拉底河的广大区域，埃及成为一个不折不扣的大帝国。

2.2 神庙建筑

古埃及神庙规模巨大，庙宇的排列形成了在一条总轴上依次排列高大的大门、围柱式院落、大殿和密室的序列。神庙内排列着大型石柱，并用鲜艳的色彩和图案做装饰；外部采用大量独立雕像和外墙浮雕烘托气氛。

2.2.1 门图荷太普二世陵庙(Mortuary Temple of King Mentuhotep Ⅱ)

与底比斯隔河相望的西岸地区西底比斯有很多带有巨大崖壁的高山,生活在这里的人们很早就有将墓室建造在山崖内的传统。门图荷太普二世也将他的陵墓建造在这里的一处高约300米的红色山崖前,墓前则建造了规模宏大的陵庙。

按照传统,陵庙的正面朝向东方。从今日已不复存在的河谷神庙进入,通过一条两侧站有狮身人面像的石板路和一个宽阔的封闭庭院,再由长长的坡道登上一层平台。平台前沿是一层柱廊,平台的中央留有建筑的痕迹。

这座遗迹曾被认为是一座坍塌的金字塔,但新的研究发现,它可能是用于纪念在底比斯地区最受尊崇的创物神——阿蒙神的"原生墓"。这样,法老就可以将自己的权威同至高无上的阿蒙神联系起来。在它的后面还有一个院落,三面有柱廊环绕,再后面则是一座从山岩里开凿出的80根柱子的大厅(见图2-6)。这是已知最古老的埃及多柱大殿,最核心的部位是神堂,与柱列威严的多柱大殿相比,供奉神灵的神堂不仅封闭而且狭小,这是包括陵庙在内的埃及神庙类建筑的共同特点。大抵是因为古埃及拥有一个势力很大的祭司集团,他们是神灵与凡人进行交流的唯一途径,对凡人来说,祭司集团的权威(多柱大殿是祭司集团进行宗教活动的地方)才是实实在在的。

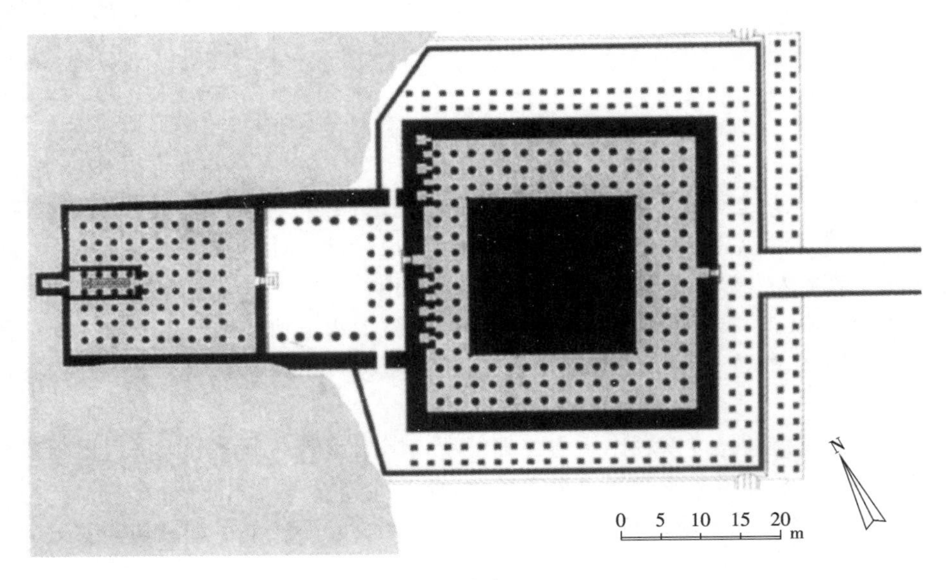

图 2-6 神庙平面图

2.2.2 卡纳克的阿蒙神庙(The Amun Temple of Karnak)

新王国时期,埃及人对神的崇拜达到了高潮。底比斯人掌握新王国政权以后,将底比斯地方神阿蒙神与全埃及人都崇拜的太阳神拉神(Re)合二为一,称阿蒙-拉神,为埃及国神。君主则被神化为阿蒙-拉神之子,受到极大崇拜。神庙成为新王国中最为重要的建筑类型。

底比斯的卡纳克阿蒙神庙(见图 2-7)是新王国时期最大和最重要的神庙建筑,是新王国历代法老向至高无上的阿蒙-拉神献祭的崇高圣地。这座神庙早在中王国时期就开始建造。新王国统一后,大约在公元前 1528—前 1510 年,第十八王朝法老图特摩西斯一世开始大规模重建和扩建神庙。此后,虽朝代更替王朝兴衰,在前后超过 1000 年的时间里,历代帝王仍不间断对神庙的建设,终于使之成为一座世界上最为雄伟壮观的神庙建筑。

图 2-7 埃及卡纳克阿蒙神庙(公元 1400 年)

神庙建筑群的总平面为梯形,周长超过两千米,由一道高大的围墙围起。神庙主体建筑全长 366 米,宽 110 米,向西朝向尼罗河,一条运河从尼罗河向东通到第一道大门前。主体部分沿着严整的主轴线从西向东一共有六道牌楼式大门,这种牌楼门的形式与美索不达米亚的门楼形式有相似之处,但埃及人显然没有继承远邻的拱门构造。第一道大门是古埃及神庙大门中最大的一道,宽度约 100 米,高约 34 米,它的建造时间很晚,是托勒密王朝时期的作品,但最终没有建成。在运河与大门间有一条两侧紧密排列着 120 尊圣羊斯芬克斯像的大道,由第十九王朝法老、埃及最有名的君王之一拉美西斯二世建造。每一座圣羊斯芬克斯像的羊须下都立着以拉美西斯二世本人为样板的阿蒙-太阳神像。第一道大门内是一个方形的大院,其北侧有一座规模较小的第十九王朝法老塞提二世神庙,南侧是第二十王朝法老拉美西斯三世神庙,中央还有一座很大的凉亭。

第二道大门大约建于公元前 1300 年第十九王朝头两位君主拉美西斯一世和塞提一世统治时期。从门前相对立着象征君主的俄塞里斯神巨型雕像的大门进去,就是由拉美西斯二世建造的最著名的多柱大殿。这是一座令人叹为观止的巨型建筑,殿内部净宽 103 米,进深 52 米,密排着 134 根柱子,其中间两排 12 根纸草盛放式圆柱高 21 米,直径 3.57 米,其余 122 根是简化的纸草束茎式圆柱,高 12.8 米,直径 2.74 米。中央大柱上架设着 9.21 米长的大梁(见图 2-8),重达 65 吨。中央两排柱子高于两旁,以形成采光用的侧高窗。可以想象,当细弱的阳光渗过窗格游入石林般的大殿时,会出现何等森严神秘的景象。

在阿门荷太普三世建造的第三道大门和图特摩西斯一世建造的第四道大门之间有一道狭窄的横向空隙,图特摩西斯一世在这里竖起了两根高约 20 米的方尖碑,其中南侧的一根至今仍保留。哈特什帕苏女王在第四道和同样由图特摩西斯一世建造的第五道大门之间的院子里也立有两根方尖碑,高达 30 米,其中北侧的一根幸存至今。

穿过图特摩西斯三世建造的第六道大门,是一座放置祭祀用具和神船的神堂。它的屋顶由两根方柱支撑,分别雕刻有象征上埃及的莲花和下埃及的纸莎草。埃及人用这些植物做柱头的形象,象征尼罗河的原始景色和植物王国。从这里往东走,是中王国时期神庙的遗迹;再向东是图特摩西斯三世建造的一座横向大殿——“节日大殿”,柱头呈覆钟式,在它周围还有包括“植物神堂”在内的其他一些神堂和附属建筑。

在整个主体建筑的东墙外,还有一座小神庙。庙前原有一根方尖碑,高 32 米。埃及被罗马帝国征服后,它被罗马帝国首任皇帝屋大维带到了罗马,现立于罗马拉特兰宫门前。

图 2-8 神庙柱梁

在主体建筑的南面还有一个很大的圣湖,在举行祭祀仪式时,神船会停泊在湖中。此外,在围墙内西南角还有一座面朝南方的洪斯神庙。从第三道大门和第四道大门之间的横向空隙向南,是整个建筑群的第二条轴线,经第七、八、九、十道大门南出,可以到达缪特神庙。

2.2.3 斯芬克斯大道(Sphinx Avenue)和卢克索神庙(Temple of Luxor)

从洪斯神庙向南出发,有一条 2.5 千米长的包着金箔或银箔的石板大道纵贯底比斯城,大道两侧密密排列着圣羊斯芬克斯像,被称为斯芬克斯大道(见图 2-9)。大道的尽头是底比斯的另一座重要大型神庙——卢克索神庙。它也是一座献给阿蒙-拉神的神庙,公元前 1360 年由阿门荷太普三世开始修建,并由后来的拉美西斯二世对其进行了扩建。

卢克索神庙的大门指向北方的卡纳克阿蒙神庙。这座牌楼门保存得比较完整,门两旁的竖槽中原插有旗杆,旗帜的更换通过上方的窗洞进行。神庙的大门前立有拉美西斯二世的坐像,原来共有六尊。石墙上原来满布着颂扬公元前 1286—前 1285 年拉美西斯二世在叙利亚卡叠什同赫梯军队进行的著名战役的浮雕。这些浮雕和拉美西斯二世的坐像原本都是彩色的,大门檐头也是彩旗猎猎,曾经的繁华景象不难想象。像前原有两座方尖碑,其中一座在 1836 年被运到法国,立于巴黎协和广场中央。

从大门进入,经过拉美西斯二世庭院和阿门荷太普三世庭院才能到达神堂(其中拉美西斯二世庭院中,在伊斯兰教统治埃及后又建造了一座小型清真寺)。两个院子之间是阿门荷太普三世建造的气势雄伟的大柱廊。

图 2-9 斯芬克斯大道

2.2.4 阿布·辛拜勒神庙(Temples of Abu Simbel)

执政长达 67 年的拉美西斯二世在对外战争中取得了显赫声望,在国内则大兴土木,建造了大量神庙。公元前 1250 年,拉美西斯二世在尼罗河上游努比亚地区的阿布·辛拜勒修建了一座雄伟而独特的神庙(见图 2-10)。神庙全部在尼罗河西岸的崖壁上凿岩而成,面朝东方,正面在悬崖上凿出宏大的牌楼门形象。宽 36 米、高 32 米的门前有四尊高 22 米的拉美西斯二世巨型雕像。在入口的正上方还有一尊拉神像,拉美西斯二世的小腿之间则是其他一些王族的雕像,它们的雕像尺度相对来说很小,反映了当时社会森严的等级制度。神庙内部进深超过 60 米,由一系列各种形状和用途的厅室组成。首先是多柱大殿,在 8 根方柱前立着法老的雕像,天花板上画着飞翔的兀鹰,这是法老的标记。再往里去还是一座多柱大殿。尽端是神堂,内有法老、卜塔、阿蒙-拉神三位重要神祇的坐像。每年的春分和秋分时节,晨出的阳光必定会直射入洞穴内,照在这些石像上,给它们笼罩上一层神圣的光芒。

1966 年埃及政府决定在阿布·辛拜勒神庙附近修建阿斯旺水坝。在国际社会的共同努力下,面临被水库淹没危险的阿布·辛拜勒神庙被切割成一千多块后 ,在原址后 60 米高的山上被重新组装。

阿布·辛拜勒神庙的旁边还有一座较小一些的神庙,是拉美西斯二世的皇后尼菲塔莉的神庙,献给女神哈托尔。在入门的两座法老雕像中间的就是皇后的雕像,头戴象征哈托尔女神的王冠。室内的柱子上雕刻着尼菲塔莉的画像。

2.2.5 帝王谷(Valley of the Kings)

新王国的统治者们很重视陵庙的建造,几乎每个法老都有自己的陵庙,较为知名的有哈特什帕苏女王陵庙、阿门荷太普三世陵庙、拉美西斯二世陵庙和拉美西斯三世陵庙等。

与这些声名显赫的陵庙形成对比的是,法老们的实际埋葬之处却是在山崖后一处后来被称为“帝王

图 2-10　阿布·辛拜勒神庙(见彩图 10)

谷”的神秘山谷中(见图 2-11)。由于其背景中的一座高山酷似金字塔,故而使这里显得庄重而神圣。第一位选择这里做墓地的法老是图特摩西斯一世,其目的本是为了躲避盗墓者和秋后算账的叛乱者,使灵魂有一座不受打扰的庇护所。但必定会令他和他之后数十位法老泉下失望的是,除了一位法老的陵墓之外,所有的墓室都被历代盗墓贼发现并洗劫一空。1922 年 11 月,英国考古学家卡特(H. Card,1874—1939 年)和卡那封勋爵发现了唯一未被盗掘的第十八王朝少年法老图坦哈蒙墓(见图2-12),这是考古学历史上最激动人心的发现之一。图坦哈蒙时代是埃及历史上最强盛的时期,卡特在其中所发现的数以千计的文物已经成为研究神秘的埃及文明所不可多得的宝贵财富。

图 2-11　帝王谷

图 2-12　图坦哈蒙金面具

2.2.6 埃及托勒密王朝时期(公元前321—前30年)

公元前1070年,内忧外患使得新王国走向终结。在这之后的一千年里,一批又一批的入侵者陆续进入埃及,古老的埃及文明进入了晚期。利比亚人、努比亚人、亚述人和波斯人先后被尊为埃及的法老。公元前331年,来自马其顿的亚历山大大帝率军占领了埃及,并在尼罗河三角洲建立了以他的名字命名的亚历山大城(Alexandria),今天它已成为埃及的第二大城市。公元前323年亚历山大去世后,他的庞大帝国迅速解体。公元前321年,亚历山大的部将托勒密在埃及建立了希腊化的托勒密王朝,并将首都设在亚历山大城。这是古埃及王朝史的最后一个阶段。

小　结

古埃及是人类文明摇篮之一,其建筑规模庞大,造型简洁,在建筑史上作出了不朽的贡献。雄伟的金字塔和太阳神庙是古埃及建筑最突出的成就,那些庞大的形体和纪念性的效果及其艺术成就,至今令人叹服。在神庙中,古埃及发展出在一条纵轴上依次排列高大厚实的大门、围柱式院落、大殿和密室的空间序列。古埃及的石建筑在当时已具有很高水平,并为早期柱式系统奠定了基础。在建筑装饰上,不仅应用大量的独立雕像以及外墙浮雕,而且在室内还应用了鲜艳的色彩和图案。这些成就,使古埃及建筑在世界建筑艺术史上具有较为突出的地位。

思 考 题

1. 简述古埃及金字塔型制的演变。
2. 绘制金字塔剖面简图。
3. 绘制平面简图分析古埃及阿蒙神庙的空间序列。

3 古希腊建筑艺术

古希腊建筑代表了西方古典建筑的最高成就，其建筑尺度宜人，注重建筑外部形象及群体空间效果，创造了明朗而健康的建筑风格。古希腊神话中人和神的关系密切，其建筑艺术也体现了和谐的人神关系，呈现出一种融洽的宇宙图式。

3.1 谢里曼的考古发现

对于19世纪的大多数学者来说，大约生活在公元前9世纪的古希腊诗人荷马在史诗《伊利亚特》中记载的特洛伊战争，以及《奥德赛》中对于希腊军返航途中的种种奇遇的记述不过是一些迷人的神话故事，他们并不认为真的存在一个古典时代以前的希腊文明。但德国人谢里曼却坚信这一点，并立志要找到它。1870年，谢里曼自费来到土耳其政府管辖的小亚细亚半岛爱琴海沿岸，寻找和挖掘史诗中所记载的特洛伊城。1873年5月，在地下8～9米深处，谢里曼终于发现了属于遥远时代的城市遗址，以及仍然闪光的金器。他迅速将这些金器偷运出土耳其，并宣布他发现了特洛伊国王普里阿姆的宝物。后来进一步的考古研究表明，谢里曼所发现的金器根本不属于普里阿姆，而是比普里阿姆还要早一千年，而真正的特洛伊战争时期的古城则是处在曾被谢里曼挖掘过但又忽略的上部土层中。尽管如此，谢里曼的发现还是使古典时代以前的希腊文明露出了地面，因此具有极为重要的意义。随后，谢里曼又发现了位于希腊伯罗奔尼撒半岛的迈锡尼文明遗址。受他的发现所鼓舞，1900年，英国考古学家伊文思又在希腊的克里特岛发现了古希腊文明的源头——米诺斯文明遗址。伟大的古希腊文明的全貌终于展现在人们的眼前。

3.2 克诺索斯的米诺斯王宫(Palace of Minos)

古希腊文明的第一个阶段是从位于地中海上的克里特岛开始的。大约在公元前2500年，克里特岛已形成了繁荣安定的文明景象，这完全仰仗于它得天独厚的地理条件。克里特岛位于地中海东部中间，周围的海面风平浪静，气候条件较宜于驾驶用桨或帆推动的小船航行，对商业贸易极为理想。水手从克里特岛可北达希腊大陆和黑海，东到地中海东部诸国和岛屿，南抵埃及，西至地中海中部和西部的岛屿和沿海地区；不管朝哪一方向航行，最终几乎都可以见到陆地。克里特岛很快成为当时地中海区域的贸易中心。它的地理位置不仅有利于商业发展，也是文化发展的理想之地。克里特岛人与外界的距离是近的，近到可以受到来自美索不达米亚和埃及的各种影响；然而又是远的，远到可以不受干扰地保持自己的特点，展现自己的个性。

同东方那些由于幅员辽阔、农耕发达而形成的专制社会不同，克里特岛文明存在的根基是经商，克里特人无需终日面朝黄土背朝天，这种人是专制社会和集体主义赖以生存的基础。他们眼界开阔，钱袋高鼓，可以无忧无虑地生活，并平等相处；他们也有城市，但城市里没有高大的城墙，也没有宏伟的神庙；他们也有宫殿，但这些宫殿根本不像东方式宫殿，将其称为功能齐全的城市中心更为恰当。位于克诺索斯的米诺斯王宫就是一座这样的宫殿(见图 3-1)。传说米诺斯是腓尼基公主欧罗巴的儿子。天上的主神宙斯爱上了欧罗巴，就变成一头公牛将她驮到了克里特岛，并生下了米诺斯。米诺斯长大后就成为克里特的国王。不论这段米诺斯传说是真是假，伊文思正是以他的名字来命名这座王宫，以及克里特岛的古老文明——米诺斯文明的。

图 3-1 在遗址上修复的米诺斯王宫

这座规模宏大的王宫最初大约建造于公元前 2000 年，但在公元前 1700 年的一场可能发生的大地震中被毁。不过，由于这个时间恰好与喀西特人入侵巴比伦尼亚以及喜克索人入侵埃及的时间相当，因此也不排除不明外敌入侵的原因。不管怎样，克里特人从这场惨痛损失中恢复过来之后，又以极大的热情重建了宫殿，并在随后的二百多年里取得了令人瞩目的成就。

新的王宫依山而建，有好几个入口，其中西面的入口可能是主要的入口，入口当中是一根圆柱。进入入口之后，先向南经过一条用壁画装饰的狭长的“仪仗通道”，再向东转，就会来到一间大门厅，从这里转向北有一个大楼梯直通楼上的国事大厅。从国事大厅北出口向东是另一个向下的大楼梯，楼梯直通中央大院。楼梯边上有一座“御座厅”。伊文思在发现这座宫殿之后，曾将他的财产都用于王宫部分建筑的复原工作上，当然这完全是按照他个人的考古理解，人们对他这种做法一直存在争议。这间御座厅已由伊文思进行了复原，四壁由石灰石砌成，正面墙壁前有一张石椅。伊文思认为这张石椅也许就是国王的御座，他称之为“欧洲最古老的御座”。在御座背后的墙上，画有两只长着鹰头的狮子，护卫着国王。

中央大院南北长约 51.8 米，东西宽约 27.4 米，是整个建筑群的构图组织中心，像磁铁一样将大小功能不同、高低错落的建筑物牢牢地吸引在一起。大院的东侧是国王和王后的起居空间，四层高的建筑内部遍设楼梯、台阶以及许多带柱廊的采光天井，千门百户，曲折相通。传说当年米诺斯国王在王宫的地下修造了一座迷宫，用来关押一只牛首人身的吃人怪兽米诺陶洛斯。这只怪兽每年要吃掉七对从雅典送来的童男童女。后来,雅典王子忒修斯在克里特公主阿里阿德涅的帮助下,借助一根线深入迷宫并杀死了怪兽。这里的柱子原先是木头的,伊文思用水泥替换了木头,再将柱身刷成仿木头的橘色。这些柱子上粗下细,柱头是肥厚的圆盘,上有一块方石板,这种造型对后代有很大影响。起居空间的南面有一间被伊文思称为“王后的起居室”的房间,甚至附有一间装了抽水马桶和自来水的浴室,墙上还画着正在嬉戏的海豚。实际上,王宫里到处都有壁画,许多壁画都充满了生活情趣,如有名的《跃牛图》,描绘了两个训练有素的男女与公牛戏耍的场景,其中的公牛是克里特人的神话传说中重要的角色。米诺斯绘画的显著特点是雅致、自然和写实,它不是用来赞颂某一居功自傲的统治阶层的抱负或者灌输某一宗教教义,而是表达了普通人对米诺斯世界的美的感受。

从王宫的北门可通向大海,高处是瞭望台,在柱廊背后的墙上也有浮雕壁画。王宫中还设有剧院和众多仓库,据伊文思估计,连同周围房屋共住有8万人以上,这在3500年前是一个极大的数字。

大约在公元前1500年,克里特岛遭遇了一场强烈的地震或火山爆发。之后,希腊半岛上的迈锡尼人趁乱入侵,克里特的许多王宫和城市都被毁灭,米诺斯文明走到了尽头。

3.3 迈锡尼卫城的狮子门

迈锡尼卫城建造在一个俯瞰平原的山头之上,周围用一道差不多6米厚的由巨石垒砌的石墙围护,人们传说它是由力大无比的独眼巨人(Cyclops)所建。卫城的主要入口设在西北角,城门外侧城墙向前突出,形成一狭长的过道,以加强防御。城门(见图3-2)宽3.2米,上有一长4.9米、厚2.4米、中高1.06米的石梁。梁上是三角形的叠涩券,可使过梁不必承重。叠涩券中间填一块3米高的石板,浮雕着一对相向而立的狮子,保护着中央一根象征宫殿的上粗下细的圆柱——这种造型显然是受米诺斯文明的影响。这座门也因此被称为“狮子门”而闻名于世。当年国王阿伽门农想必就是从这里出发,踏上征服特洛伊的胜利之路的。

图3-2 迈锡尼卫城的狮子门

3.4 古典时期的希腊建筑

公元前11世纪,继爱琴海文明被湮没了三四百年后,在希腊半岛上出现了许多氏族国家。它们相互并吞,到公元前800年左右形成了三十余个城邦式的奴隶制王国。其中最繁荣的有雅典、斯巴达、米利都、科林斯等。这些国家从未统一,发展也不平衡,但因手工业、航海业与海上贸易发达,各国经济文化交流频繁,且曾受古埃及与西亚文化影响,逐渐形成了统称为“希腊”的统一民族和民族文化。

古希腊建筑可按其文化历史的发展分为四个时期。

公元前11—前8世纪称为荷马文化时期,其建筑今已无存。

公元前8—前5世纪称为古风文化时期，其建筑遗迹以石砌神庙为主。

公元前5世纪中叶，雅典城联合各城邦战胜了波斯的入侵，建立起雅典霸权，社会经济文化达到了高度繁荣。此后的一百余年，史称古典文化时期。其建筑也称为古典建筑。雅典当时实行的是奴隶主的民主政治。希腊半岛气候温和，适宜于户外活动。建筑类型除了神庙外，还有大量供奴隶主与自由民进行公共活动的场所，如露天剧场、竞技场、广场和敞廊等。当时的建筑风格开敞明朗，讲究艺术效果。希腊盛期所产色美质坚的云石（大理石），也为建筑艺术的发展提供了有利条件。

公元前4世纪后期，城邦制没落，北方的马其顿发展成为军事强国，统一希腊，并建立起包括埃及、小亚细亚和波斯等横跨欧、亚、非三洲的马其顿帝国。希腊的古典文化也就随马其顿的远征而传到了北非与西亚，史称希腊化时期。所谓希腊化建筑即希腊古典建筑与当地传统结合的建筑。与此同时，希腊本土的建筑则因经济衰退，其规模与创造性已大不如前。公元前146年，希腊为古罗马所灭。

希腊古典时期的建筑，对后来的古罗马建筑与19世纪西方资产阶级的复古主义建筑思潮有很大影响。

3.4.1 雅典卫城（Acropolis of Athens）

公元前461年，伯里克利成为雅典的领导人。在他的领导下，希腊的民主政治达到顶峰。公元前448年，伯里克利提议公民大会动用盟邦为了共同对付波斯威胁而向雅典进贡的金钱，来重建雅典卫城上献给雅典的守护神雅典娜的神庙。

雅典卫城位于雅典中心一个约70米高的山丘上（见图3-3），用人工开筑成一块东西长约300米、南北宽约130米的平地，早在迈锡尼时代就已成为城墙环绕的宫殿。庇西特拉图统治时期，雅典人曾在上面建造了一座神庙。马拉松之战后，雅典人拆除了它，并开始建造一座6柱×16柱的多立克神庙。这座神庙还未建成，第二次希波战争就爆发了，波斯人占领雅典并摧毁了这座神庙。战争结束后，雅典人首先集中精力给城市修筑城墙，以避免今后再发生让敌人轻易占领城市的耻辱一幕。他们曾决定要保留遭波斯破坏的神庙遗迹，以警示后人。公元前449年，雅典与波斯缔结了和约。为在和平时期继续确定雅典在盟邦中不可动摇的领导地位，经伯里克利建议，雅典人开始重建神庙。

图3-3 雅典卫城远眺（见彩图11）

公元前 447 年,在希腊最伟大的雕塑家菲狄亚斯(Phidias)的主持下,由建筑师伊克蒂努(Ictinus)和卡利克拉特(Callicrates)共同设计的新神庙——人们称之为“帕提农神庙”(见图 3-4)在雅典卫城动工兴建。公元前 438 年,神庙的主体部分落成,剩下的局部雕刻于公元前 432 年完成。

图 3-4 帕提农神庙

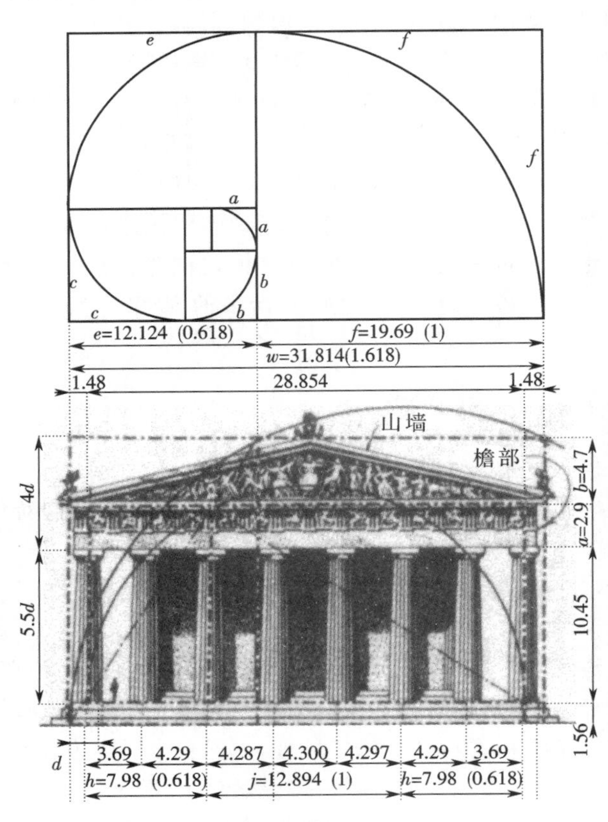

图 3-5 帕提农神庙的比例分析

这是一座象征 150 年来希腊神庙建设最高成就的杰出建筑。它的外表极为富丽堂皇,几乎全是用高贵的白色大理石建成。作为统一希腊的象征,这座帕提农神庙的正面(见图 3-5,东立面)采用了具有小亚细亚爱奥尼克特点的 8 根立柱,它们与侧面(17 柱)及背面共 46 根高 10.43 米的多立克柱子组成宽 30.88 米、深 69.50 米的围廊。围廊以内是矩形殿身,它被划分为前后两部分,每一部分的入口前方还有一排小一号的多立克柱廊。殿身的前半部分(约占 2/3)为神堂,开口朝向东方,内有双层多立克式柱廊环绕,中央立着由菲狄亚斯亲手用黄金和象牙雕刻的高约 12 米的雅典娜神像。后半部分是国库,由一群少女负责管理,又叫少女室。里面用了四根具有少女般优雅气质的爱奥尼克式柱。这是爱奥尼克风格开始受到希腊本土青睐的先声。

帕提农神庙是公认的世界上完美的建筑物之一。对于这个称号,它是当之无愧的。意大利文艺复兴时期的伟大建筑师帕拉迪奥(A. Palladio,1508—1580 年)曾经对建筑的审美有这样的评价:“美得之于形式,亦得之于统一,即从整体到局部,从局部到局部,再从局部到整体,彼此相呼应,如此,建筑可成为一个完美的整体。在这个整体之中,每个组成部分彼此呼应,并具备了组成你所追求的形式的一切条件。”帕提农神庙就是这样，它的每一项尺寸，从总长、总宽、总高到局部的长、宽、高，从总体的比例到局部的比例，都遵循同样的模数和比例，从而使它成为一件有着高度秩序感的完美作品。举例来说，如果将帕提农神庙的三陇板宽度定为1(0.858 米)，那么柱头的高度也是1，神庙的总长度是81(69.5 米)，总宽度是36(30.88 米)，总高度是21(18 米)，从地面到侧面檐口的高度是16(13.72 米)，柱子的高度是12(10.3 米)，柱廊轴间距是5(4.29 米)，中央神堂的长是60(51.48 米)，中央神堂的宽是25(21.45 米)。这些数据之间存在着密切的比例关系：神庙的总宽与总长的比是4∶9，从地面到侧面檐口的高度与神庙的总长的比是16(4×4)∶81(9×9)，从地面到侧面檐口的高度与神庙的总宽的比也是4∶9，柱子的底部直径(1.905 米)与轴间距比也是4∶9(4∶9 近似于1∶5 的平方根)等。

仅是这些相对死板的数字，还不足以使帕提农神庙成为世界上完美的神庙，帕提农神庙所体现出来的无与伦比的美还需要另外一组完全不同的数字才能加以说明。1845 年，英国考古学家潘罗斯对神庙进行了首次准确测量，他发现神庙的许多细部做法有计划地偏离“常规”：神庙的角柱直径比其他柱子多出约2%(0.039 米)；角开间比其他开间净空缩小25%(0.608 米)；在柱高的2/5 处，柱身边线凸出于上下端直径连线0.017 米，相当于柱高的1.6‰；所有的柱子都略向内倾斜，它们的中心线将在神庙上方约3000 米上空相交；额枋和台基水平线的中央都略为隆起，其中宽度方向中央隆起约0.07 米，相当于宽度的2‰，长度方向中央隆起约0.11 米，相当于长度的1.6‰。古希腊人所做的这些细微到几乎无法察觉的调整，目的都是为使这座建筑更完美更符合人眼的审美感受，即使因此几乎没有一块石头一根柱子是完全一样的也在所不惜。

图3-6 卫城山门

卫城的入口设在小山的西侧(见图3-6)。在穿过具有防御性的第一道城门后，迎面是一道长32 米、宽24 米的大台阶，顶端就是由建筑师摩涅西克勒斯(Mnesicle)设计的多立克神庙形式的山门，两侧有向前凸出的柱廊和附属建筑，与山门一起形成怀抱之势。穿过这道山门，迎面是一尊同样由菲狄亚斯设计的比帕提农神庙内那尊更高大的雅典娜青铜雕像，它是如此之高，以至于据说当年在60 公里之外航行的水手都可以清晰地看见她的镀金头盔在阳光下闪耀的光芒。山门的南北两翼并不完全对称。公元前427—前424 年左右，雅典人在南翼向前凸出的一块迈锡尼时代棱堡的旧址上建造了一座爱奥尼克式神庙——胜利女神庙(见图3-7),以祈祷胜利女神尼克保佑雅典在与斯巴达人进行的生死之战中获胜。它的建造使原本山门的对称构图被打破,但从总体上看,卫城西侧的构图仍保持了恰当的均衡,特别是考虑到山门后高大的雅典娜青铜雕像略微向轴线另一侧倾斜。这也充分表现出希腊人杰出的构图能力和灵活的设计思想。这座精巧的小神庙采用前后廊列柱式构造,东面开门,带状檐壁上雕刻着连续的浮雕,形成与帕提农神庙大小相同、纤巧精致的整体效果,预示着多立克式主宰希腊神庙的历史即将结束,爱奥尼克时代即将开始。

图3-7 胜利女神庙及其复原图

大约公元前421年,雅典人在帕提农神庙北面又兴建了一座神庙——厄瑞克提翁神庙。厄瑞克修斯是传说中雅典人的始祖,他的名字的意思是肥沃的土地。神庙地处原来的迈锡尼宫殿旧址,南面紧邻旧帕提农神庙庙基,北面有传说中海神波塞顿和雅典娜争夺对雅典的保护权时用三叉戟击地而成的一个泉眼,西面有雅典最早的国王西克罗普斯的墓室。要顾及如此众多的圣迹原本就很困难,更何况在这里从西南到东北还有一条3米多高的断层,更使得神庙的设计难上加难。但厄瑞克提翁神庙的建筑师最终还是成功地解决了所有难题,采用复杂多变的形体和精美绝伦的细节在古希腊神庙建筑史上留下了光彩的一页。

厄瑞克提翁神庙的主要轴线为东西向。六根修长的爱奥尼克柱子组成东门廊,柱子细长比为1∶9.5,柱头上的涡卷坚实有力,其中央柱头的两个涡卷是平的,而角柱上转角的涡卷则斜向呈45°伸出,使正侧面得以延续。柱础的线脚曲直刚柔对比、疏密繁简变化,在阳光下呈现出丰富的明暗效果,而这些曲线和轮廓并不是由圆弧线简单构成,因此形态更为自然。

东门廊后面的神堂分成三部分,分别供奉雅典娜、厄瑞克提翁和波塞顿。在厄瑞克提翁和波塞顿的神堂西边就是断层,地面一下子低下去3米多,因而西门廊柱廊下的墙体被抬高,以使其立面从断层之上的方向看上去与其他部分协调。在这个方向,1917年人们种植了一棵橄榄树,以象征当年雅典娜在与波塞顿争执时所赐予雅典的橄榄树。传说波塞顿赐予雅典的是用三叉戟击出的泉眼,而雅典人更加喜欢雅典娜的礼物，并接受她为城市保护神，以她的名字命名城市。

由于国王西克罗普斯的墓室就在西门廊外，西门廊的墙上不能开门，转而在它的北、南两端又设计了两个门廊，从而形成一座神庙四个门廊的独特造型。位于北面的是一个较为宽大且向外鼓出的爱奥尼克门廊，正面四柱，两侧还各有一柱。门廊内东南角的泉眼相传就是波塞顿赐予雅典的礼物。位于南面断层上方的是一个非同寻常的女像柱门廊（见图 3-8），由六个女像柱支撑顶盖，其中南面左数第二个女像是复制品，原件在 19 世纪初被当时英国驻土耳其大使厄尔金拆下，连同众多拆自帕提农神庙的其他雕像运往伦敦，后为大英博物馆收藏。这些女像高 2.1 米，据说她们的原型是卡里亚的女俘，由于卡利亚人曾协助波斯入侵希腊，所以雅典人获胜之后便将卡里亚的妇女们掳为奴隶，并将她们的形象化为负重的石柱，以示永久惩戒。

图 3-8　厄瑞克提翁神庙的女像柱（见彩图 12）

雅典卫城建筑群是在雅典和希腊全盛时期建设的，它们是那个时代的象征，但它们后来的命运却十分悲惨。帕提农神庙在公元 6 世纪信奉基督教的东罗马帝国统治时期被改为教堂，神堂内的雅典娜神像也被运到了君士坦丁堡，而后不知所终。1460 年，希腊成为信奉伊斯兰教的奥斯曼帝国的一部分，帕提农神庙又被改为清真寺。1687 年，在奥斯曼土耳其人与威尼斯人的战争中被用作弹药库的帕提农神庙不幸被炮火击中，炸成两半。1922—1933 年间，在重获独立的希腊政府授权下，土木工程师兼考古学家巴勒诺经过努力，终于使帕提农神庙得以部分复原。胜利女神庙曾在 1685 年被土耳其人拆除，拆下的石头被用来修建军事设施。1835 年，希腊独立后将其修复，但可能不够准确，巴勒诺于 1935—1940 年间按照较为准确的考古研究再次予以复原。厄瑞克提翁神庙在被改造为教堂时，内部的墙体被拆除。后来，它又先后成为土耳其住宅、军火库和希腊军队司令部，并在 1827 年希腊独立战争中被土耳其军队炸毁。

3.4.2 雅典城市广场(Agora of Athens)

雅典时代政治和商业活动的中心是位于卫城西北山脚下的城市广场(见图 3-9)。在公元前 6 世纪以前,这里还是一片墓地,当时的雅典人主要生活在卫城周围。大约从梭伦的民主改革以后,一系列重要的公共建筑相继在这里建成,使之逐渐成为雅典生活的中心和民主政治的心脏。位于广场西侧的大多数建筑都建于古典时代,其中包括一座宏大的宙斯祭坛、五百人大会议事厅、将军府、法庭以及一座献给雅典城里的制陶工人和铁匠的主神——司掌人间火焰的火神赫菲斯托斯神庙。赫菲斯托斯神庙建于公元前 449—前 444 年,是伯里克利时代保存最为完整的神庙建筑。

图 3-9 雅典城市广场

在后来的希腊化和罗马统治时期,雅典的中心地位早已沦落,但历代的统治者仍在这里续建了许多重要的公共建筑,如可用于商业、住宿和观演活动的柱廊建筑以及广场中央巨大的音乐厅等,使繁荣的景象得以继续。

在后来漫长的岁月里,雅典广场被各个时期的各类建筑所破坏和覆盖,这种状况直到 20 世纪 30 年代才得以改变。一支美国考古队对广场进行了细致的考古挖掘,大量的房屋被拆走,于 1953 年重建了广场东侧一座名为阿塔罗斯的希腊化时期柱廊。这座如今被用作博物馆的柱廊所用的建材都采自史料记载的原产地,朝外的柱子上半部分也重新刻了凹槽,下半部分和内部柱子则出于经济和安全方面的考虑没有刻槽。

3.4.3 雅典狄俄尼索斯剧场(Theater of Dionysus)和留西克拉特斯纪念碑(Monument of Lysicrates)

剧场是雅典人公共生活的重要组成部分。古希腊是戏剧的诞生地,最初的戏剧是用于向酒神狄俄尼索斯表示敬意的仪式,后来逐渐演变成喜剧和悲剧作品。用于表演的剧场多半设在三面环山的“U”

形基地上,低地中央是表演的乐池和舞台,四周座位依山势被排成同心圆状,在座位之间有放射形的过道,隔若干排又与水平的过道相连。在雅典卫城南面的山坡上,于公元前 498 年建造了一座露天狄俄尼索斯剧场。它最初的座位是用木材造的,大约在公元前 330 年被改成石材,可容纳一万多名观众。它的前排座位与众不同,后面有高耸的靠背,属于贵宾席。这座剧场在希腊史上非常有名,古典时期的伟大诗人们常在著作里提到这个剧场。

古希腊的戏剧都是以竞赛形式演出,凡是优胜者都可以获得一座纪念碑以示鼓励。在狄俄尼索斯剧场附近就建有各种形式的纪念碑,其中保存最完整的是建于公元前 335 年的优胜者留西克拉特斯纪念碑(见图 3-10)。这是一个放在 3 米高台座上的圆形神庙式建筑物,柱子采用了一种被称为科林斯柱式的新式样,顶上放置着奖杯(见图 3-11)。

图 3-10 留西克拉特斯纪念碑

图 3-11 奖杯顶部复原图

3.4.4 希腊三种古典柱式

希腊三种古典柱式为多立克柱式(Doric Order)、爱奥尼克柱式(Ionic Order)和科林斯柱式(Corinthian Order)。

古典柱式是古希腊、古罗马对人类建筑宝库的杰出贡献(见图 3-12)。那么何为柱式呢?为了追求建筑物的优美比例,追求构件和谐匀称和端庄的形式,石建筑的各组成部分(如檐部和柱子之间)的处理逐渐形成定型的做法。我们将这种有特定做法的石梁柱体系的艺术形式称为柱式。下面介绍希腊三种古典柱式的细部特征。

1. 多立克柱式

多立克柱式通常无柱础,直接放在基座上,柱高为柱径的 4～6 倍。柱身明显向上收缩,微肿,柱表面饰以 20 个棱角凹槽。柱头借助于弧曲线脚从柱头垫石过渡到柱身,体现了柱身向上的趋势与从檐部传下来的压力之间的统一,这种线脚叫“爱欣”。它的下部为多道凸带饰,接着是柱头颈部,常成为柱身

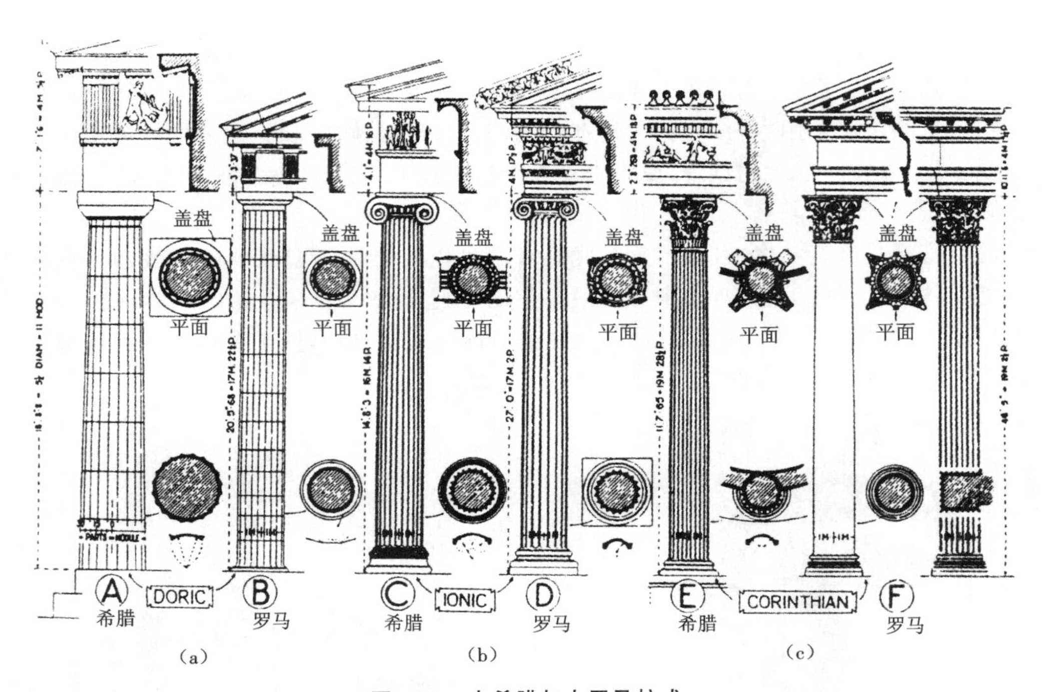

图 3-12 古希腊与古罗马柱式

(a) 多立克柱式;(b) 爱奥尼克柱式;(c) 科林斯柱式

的延续,被一条深凹槽与柱身分割。额枋的正面无装饰,符合结构上的承重意义。檐壁由一系列相互交替的饰以简洁楔形凹槽的三垄板与刻有浮雕绘画的陇间壁组成。檐口由泪石和托檐石组成,而在山墙、斜檐口部分就没有托檐口,也许是因为三角形的山花上装饰有神庙的最重要的浮雕的缘故。多立克柱式雄伟、粗壮,象征着男性粗犷、刚毅和率直的性格。雅典卫城的帕提农神庙被认为是多立克柱式最完美的创作。

2. 爱奥尼克柱式

爱奥尼克柱式比多立克柱式轻巧、雅致,象征女性,柱身 24 道凹槽,柱高为柱径的 8~9 倍。柱身收分不太明显,始于基座向上 1/3 柱高处。柱础放在方形垫石上,由被凹圆曲线脚所分开的两个圆形线脚组成,称为“阿蒂克柱础”(见图 3-13)。爱奥尼克柱头的特征是卷涡,柱顶是带有混淆线脚的方板垫石(见图 3-14)。两卷涡之间为 1/4 圆线脚形状的爱欣线脚,其下有时饰以忍冬叶的柱头颈,使柱子和柱头显得更加优美典雅。爱奥尼克柱式额枋大大低于多立克式,常由两个或三个长条石组成,自下而上一个比一个挑出。檐壁上没有三垄板,仅饰以花草、人物等,檐口上的层次划分也更为细致丰富。

3. 科林斯柱式

传说雅典雕塑家卡利马丘斯有一次正好看到一个祭祀用的花篮被野生的茛菪花叶包裹着,从而受到启发而创造了科林斯柱式。这种柱式与爱奥尼克柱式相比除柱头外均非常相似。它的柱头下半部是两排相错的茛菪花叶,其上是向上卷曲生长的藤蔓,其中靠近角上的两条顶端以涡卷状向角上延伸,支撑柱顶石,柱顶石的四边也呈曲线向内凹进(见图 3-15)。科林斯柱式被公认为是最华美的古典柱式,并在后来逐渐成为最受人们欢迎的柱式。

图 3-13 阿蒂克柱础

图 3-14 爱奥尼克柱头

图 3-15 科林斯柱头

小 结

古希腊是欧洲文明的摇篮，古希腊人热爱户外活动，赞美人体，他们注重建筑外部形象及群体效果，创造了明朗而健康的建筑风格。古希腊建筑代表了西方古典建筑的最高成就，它对后世影响最深的是古典柱式系统。古希腊时期的建筑艺术风格和建筑样式，早已成为一种最高的典范。古希腊的文化风格和气质为其后整个西方文明的发展奠定了基调。

思 考 题

1. 如何理解雅典卫城的艺术成就？
2. 谈谈帕提农神庙的艺术特色。
3. 绘简图分析希腊古典柱式中的一种。
4. 古希腊剧场是如何将建筑群与自然环境有机结合的？

4 古罗马建筑艺术

古罗马人沿袭了亚平宁半岛上伊特鲁里亚人的拱券技术，继承了古希腊的建筑成就，并在建筑形制、技术和艺术方面广泛创新。公元 1 至 3 世纪为古罗马建筑的极盛时期，其艺术水平达到了西方古代建筑的一个高峰。古罗马建筑的类型很多，有罗马神庙、维纳斯和罗马庙以及巴尔贝克太阳神庙寺宗教建筑，也有皇宫、剧场、角斗场、浴场以及广场和巴西利卡等公共建筑。居住建筑有内庭式住宅、内庭式与围柱式院相结合的住宅，还有四五层公寓式住宅。

古罗马建筑的形制相当成熟，与功能结合得很好。例如，罗马帝国各地的大型剧场，已与现代大型演出性建筑物的基本形制相似。古罗马多层公寓常用标准单元，一些公寓底层设商店，楼上住户有阳台。这种形制同现代公寓也大体相似。从剧场、角斗场、浴场和公寓等形制来看，当时的建筑设计已经相当发达。古罗马建筑师维特鲁威写的《建筑十书》就是该科学的总结。

古罗马建筑能满足各种复杂的功能要求，主要依靠拱券结构获得宽阔的内部空间。拱券结构得到推广，是因为使用了强度高、施工方便、价格便宜的火山灰混凝土。约在公元前 2 世纪，这种混凝土成为独立的建筑材料，到公元前 1 世纪，几乎完全代替石材，用于建筑拱券或筑墙。混凝土表面常用一层方锥形石块或三角形砖保护，再抹一层或者贴一层大理石板，也有在混凝土墙体前再砌一道石墙做面层的做法。木结构技术已达到相当水平，能够区别桁架的拉杆和压杆（如罗马城图拉真巴西利卡）。

古罗马建筑艺术成就很高，大型建筑物风格雄浑凝重，构图和谐统一，形式多样。罗马人开拓了新的建筑艺术领域，丰富了建筑艺术手法，其在建筑艺术方面的重要贡献总结如下。

（1）新创了拱券覆盖下的内部空间，有庄严的万神庙的单一空间，有层次多、变化大的皇家浴场的序列式组合空间，还有巴西利卡的单向纵深空间。有些建筑物内部空间艺术处理的重要性超过了外部形态。

（2）发展了古希腊柱式的构图，使之更有适应性。最有意义的是创造出柱式同拱券的组合，如券柱式和连续券，既是结构，又是装饰。帝国各地的凯旋门，大多是券柱式构图。

（3）出现了由各种弧线组成的平面，采用拱券结构的集中式建筑物。公元 2 世纪上半叶建于罗马郊外的哈德良离宫，是其最具代表性的一则实例。

4.1 罗马的万神庙（Pantheon）

这座罗马最大的圆形神庙、最伟大的建筑建于公元 120 年。它拥有一个高度和跨度都达到 43.43 米的巨大而完整的内部空间，从顶部中央一个直径 8.9 米的大天窗中射入的光线在神庙中缓慢移动（见图 4-1），增添了它的神秘感。它是如此的空旷和对称，显示出高度的沉静，仿佛即使狂风暴雨，在进入这个空间之后也会变得安静和顺从。罗马帝国的权力和威严，在这个空间内得到了全部的体现。

这个近代以前世界上最大的穹隆是由混凝土浇筑而成的。根据后人的研究，罗马人很可能是在没

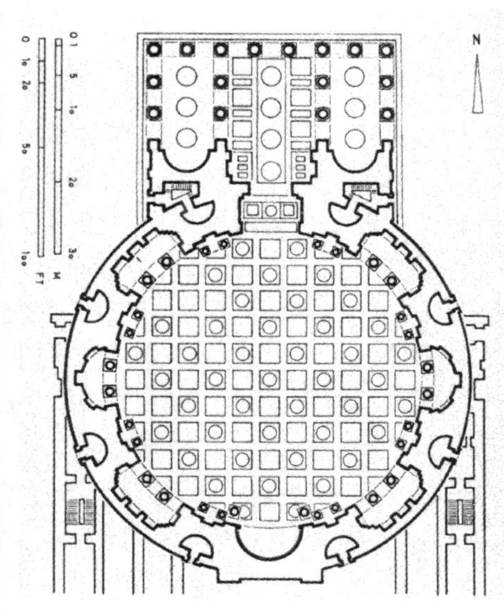

图 4-1　万神庙内部及平面图

有中央支撑结构的条件下进行施工的，因为很难找到足够大的树木去建造如此巨大的支撑结构。他们在浇筑穹顶时遵循由下而上的次序，即先在下方沿水平方向浇筑混凝土圆环，在下层凝固之后，再在其上浇筑同心而直径较小的圆环，如此逐渐向上，直至在顶端留下一个洞口。为减轻穹顶重量，它的内表面做有排列整齐的凹格。即便这样，这个穹顶的重量仍是巨大的，以至于为支撑它以及平衡它所产生的侧推力而设的圆筒形墙体的厚度达到了 6 米。此外，为使穹顶下部不至于出现向上挫曲，还特别增加了下部的厚度，呈现阶梯状。

穹隆和内部空间的设计既遵循高度的理性又富于变化：相对的凹室内部底边中点与穹隆顶点的连线正好是精确的等边三角形；从下层柱式的檐口到穹隆顶点的垂线距离正好等于穹隆内壁圆周内接正方形的边长；大门和 7 个凹室将下层圆周 8 等分，然后凹室和壁面又分别被圆柱和壁龛 3 等分，而檐口以上的檐壁则被壁龛 16 等分，两者间在 8 等分的基础上形成 3 与 2 的节奏变化；按常规做法，再往上的穹隆内壁似应继续遵循相似的等分规则，但实际上它却被凹格 28 等分，仿佛有意使穹隆与鼓座分离，产生飘浮之感。

万神庙的入口是一座进深三间的 8 柱式科林斯门廊。由于哈德良皇帝从不将自己名字刻在建筑物上，于是就在檐部刻上了公元前 27 年旧神庙的建造者阿格里帕（Agrippa）的名字。

609 年，万神庙被当时统治罗马的拜占庭皇帝福卡斯下令改为教堂，成为第一座被转化为教堂的异教神庙。尽管后来内部装饰有所变化，但仍基本保持原有的风貌。今天这座雄伟的穹隆顶建筑，已成为人们体验全盛时期罗马帝国的非凡气概和罗马建筑的光辉成就的生动教材。

4.2 罗马的凯旋门(Triumphal Arch)

凯旋门是古罗马特有的一种纪念性建筑,通常建造在军队凯旋的大道上,以提高统军作战的皇帝的威望。凯旋门的中央是一个高大的拱洞,有的在两侧还各有一个较小的拱洞。一般用混凝土建造,外部用白色大理石贴面,墙上刻有铭文和浮雕,墙头还有象征胜利和光荣的青铜马车。

如今,在罗马广场及广场附近还有好几座凯旋门依然耸立,它们的建造年代恰好跨越了罗马帝国从全盛到衰落的全过程。其中年代最早的一座是位于维纳斯与罗马神庙和君士坦丁巴西利卡之间的提图斯凯旋门(见图 4-2),建于公元 81 年,用以纪念提图斯成为皇帝之前在公元 70 年率军剿灭耶路撒冷的犹太叛乱的战功。这是一座单券洞凯旋门,高 14.4 米,宽 13.3 米,厚约 6 米。由于单纯的拱券缺乏装饰,因而罗马人创造性地采用了一种后来被称为券柱式的构图方式,即在拱门的两侧装饰以过去作为结构支撑物的柱子,甚至将古典柱式中的梁额、檐部以及基座都煞有介事地按恰当的比例表现出来。这样一来,建筑物不仅结构十分合理,而且具有理想的外形,这种做法后来极受欢迎,直到今天仍被广为应用。此外,在这座凯旋门上,罗马人使用了一种新的柱式,叫组合柱式(Composite Order)。它的柱头是在科林斯莨菪叶饰的柱头上叠加爱奥尼克式卷涡,以加强装饰性。这种柱式后来与多立克式、爱奥尼克式、科林斯式和塔司干式一起并称为五大古典柱式。

位于广场西北端的是建于 203 年的塞维鲁凯旋门(见图 4-3),用以纪念塞维鲁皇帝在 195 年和 197 年两次东征远在美索不达米亚的安息帝国的胜利。塞维鲁凯旋门宽 25 米,高 23 米,厚 11.9 米,是一座三拱式凯旋门,被认为是现存同类建筑中的精品。

图 4-2 提图斯凯旋门

图 4-3 塞维鲁凯旋门

君士坦丁战胜马克森提之后于 315 年在大角斗场西南部建造了以自己名字命名的凯旋门(见图 4-4),宽 25.7 米,高 21 米,厚 7.4 米,是罗马最高大的一座凯旋门,在艺术价值上却是最低的一座。这座凯旋门上的绝大多数雕塑和装饰构件不是专门制作的,而是从更早的其他建筑上拆下后移过来的,少数专门制作的雕像,如两侧拱门上方的横饰带,则工艺粗糙,毫无美感。

图 4-4 君士坦丁的凯旋门

4.3 罗马大角斗场(Colosseum)

同剧场相比,角斗比赛更受罗马人的欢迎。

这种"活动"最早起源于埃特鲁斯坎人的一种葬礼仪式,旨在以流血和无畏的勇者精神向死者致敬。这项仪式后来逐渐变化,到帝国时代时已完全成为一种公众娱乐活动。角斗不仅在角斗士之间进行(失败者将会丧命),有时也在人与凶猛的野兽之间展开。为观看这种活动而建造的角斗场看上去就像是用两个半圆形剧场合并而成的,所以也被称为圆形剧场。

罗马时期规模最大和最有名的圆形剧场是罗马的大圆形剧场(见图 4-5),或称大角斗场。它的正式名称是弗拉维亚圆形剧场,因为它创建于韦斯巴芗皇帝创立的弗拉维亚王朝时期。它的另一个名称是"科罗修姆",意为巨大,不过这个词原本并不是用来形容大角斗场,而是它旁边曾经耸立的一尊高达 36 米的尼禄皇帝巨型铜像。这座气势恢宏、闻名天下的圆形剧场始建于 72 年韦斯巴芗皇帝在位时期,到了 80 年,韦斯巴芗的儿子提图斯皇帝在位时才建成。其平面呈椭圆形(见图 4-6),长短轴直径分别为 189 米和 156 米。观众席有 60 排座位,可容纳 8 万名观众。观众席依阶级地位分为五区,最靠近表演区的是贵宾席,供皇帝、执政官、祭司、元老和高级官员入座,皇帝往往"兼任"角斗活动的主持人。中间两区是骑士等地位较高的公民席,他们与贵宾一样享受大理石座位。最上面两区则是木制的平民席位,其中带柱廊的是供妇女、奴隶和穷人等社会最底层人士使用的。在柱廊上方的房檐上,原本还插有 240 根木棍,用以支撑遮阳挡雨用的帆布。

图 4-5 罗马大角斗场(见彩图 13)

剧场的表演区比贵宾席低 5 米多,周围用铁栅栏包围,以保证观众安全。表演区的长短轴直径分别为 87.5 米和 55 米。下方还有地下室,用来关放野兽。有时表演区会被放满水,用以表演最多有三千人参加的海上战斗。

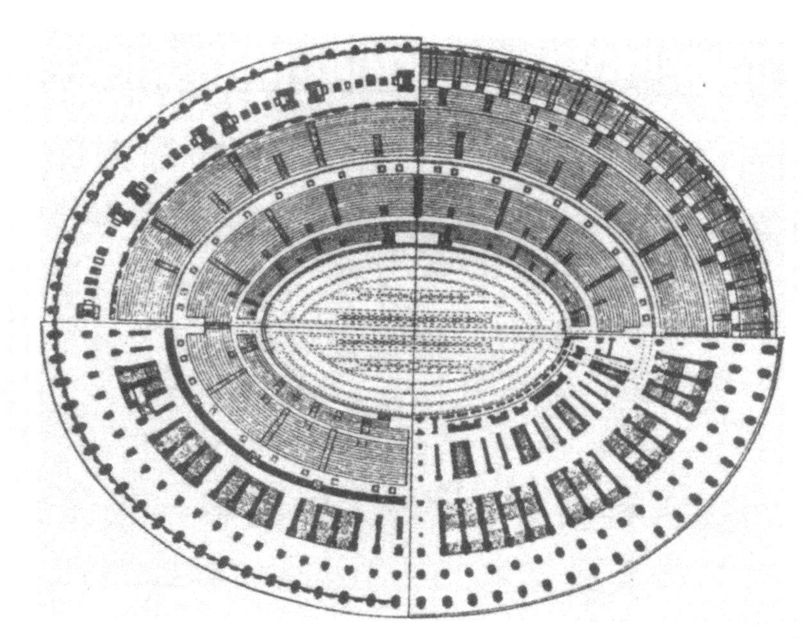

图 4-6 罗马大角斗场平面图

大角斗场的外立面高 48.5 米，分为四层，其中下三层各有 80 个拱形开间，第四层为实墙。从下至上各层依次采用塔司干式、爱奥尼克式和科林斯式半圆柱，第四层是科林斯式平壁柱。

在提图斯皇帝为大角斗场举行落成仪式后，据说连续的角斗表演持续了 123 天，有 9000 头野兽被屠杀。后来的图拉真皇帝还曾让 10 000 名达契亚俘虏与 11 000 头猛兽进行搏斗。这样的表演一直持续到 523 年。大角斗场在古罗马人心中具有特殊的意义，它是罗马帝国辉煌荣耀的具体写照，与帝国命运休戚相关：大角斗场在，罗马就在；大角斗场倒塌，罗马就会灭亡。事实也正是这样，罗马帝国灭亡后，大角斗场厄运难逃。中世纪以后，它先是遭到地震的破坏，而后又在教皇们兴建宫殿和大教堂的时候成为地地道道的采石场。1749 年，教皇本尼狄克十四世以纪念罗马帝国时期可能曾在此殉难的基督徒为由终于宣布大角斗场为圣地，才使它得以保全残体。

4.4 罗马的卡瑞卡拉浴场(Baths of Caracalla)

源自古希腊的公共洗浴习俗也是罗马人日常社交生活一个不可缺少的重要组成部分。在这些一般都设有各种附属娱乐设施(如运动场、图书馆、音乐厅、商场、花园等)的公共浴室里，人们可以舒适地度过闲暇时光。罗马人的公共浴室一般设有热水浴、蒸汽浴、温水浴和冷水浴。在供热方面，罗马人起初是利用天然温泉，大约在公元前 1 世纪开发出了人工火坑供热系统，使木材燃烧产生的热空气在由砖垛架空的地板下及墙内的空隙间循环流动，使房间和浴池得以加温。

由塞维鲁皇帝及其子卡瑞卡拉皇帝建造的位于罗马城南的大浴场(见图 4-7)是罗马城中最大的浴场之一，内部可容纳一万多人，仅其中的主浴室就可同时容纳一千六百多人沐浴。浴场占地极为广阔，

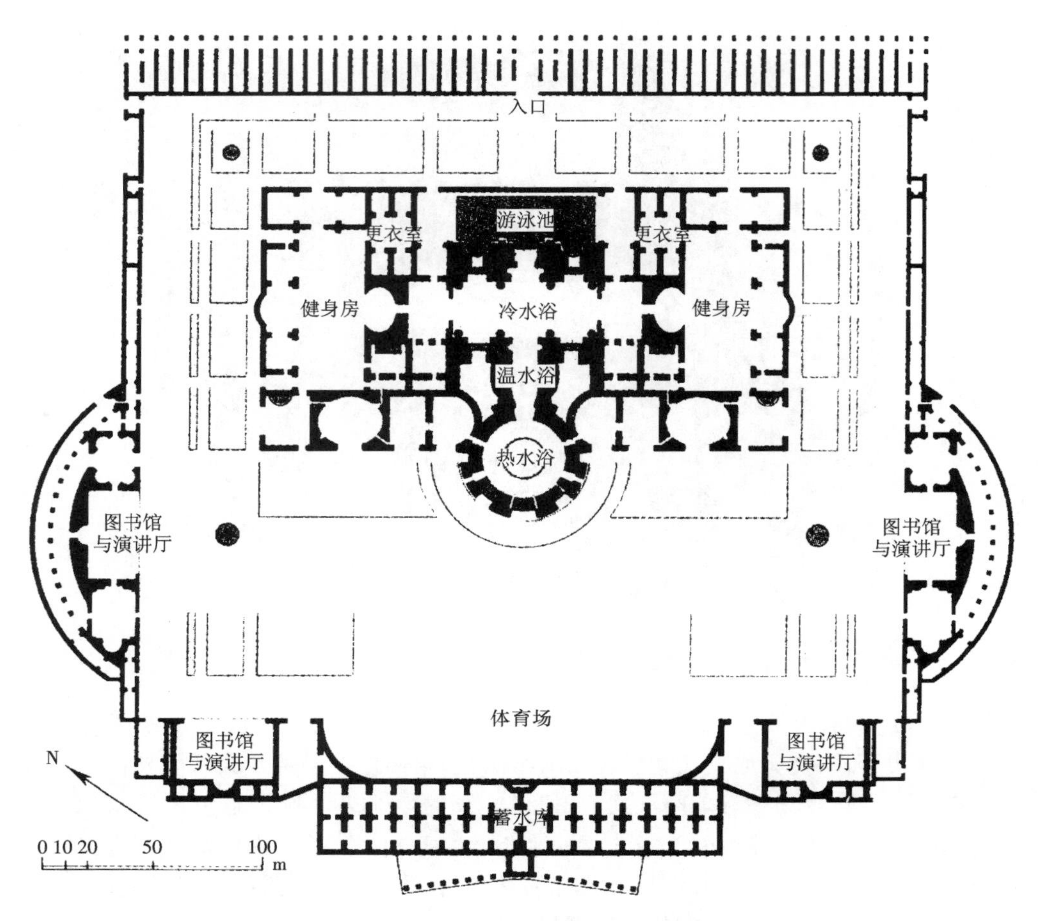

图 4-7 罗马的卡瑞卡拉浴场平面图

总平面长 410 米,宽 380 米,其平面布置体现了罗马人对大型复杂空间卓越的整体把握能力。它的主体建筑规模很大,长 228 米,宽 116 米。其中心部分是一个采用混凝土交叉拱结构屋顶的冷水浴大厅,长 55.8 米,宽 24.1 米,高 33.9 米。大厅长边一侧是一个游泳池,这是一个设在用高墙围起的露天庭院里的大水池,长 65 米,宽 29 米,其中朝内的一边嵌入建筑物中。与大厅另一长边为邻的是一长方形温水浴室,左右各有一个温水浴池。再向内是热水浴室,其顶部是一个直径几乎与万神庙相当的大穹顶,高达 49 米。热水浴大厅的圆形平面一半凸出主体建筑,另一半与其他空间过渡流畅。在它们周围分布着蒸汽浴室、按摩室、更衣室和健身房等辅助用房,地下还设有勤杂用房。在主体建筑周围分布有图书馆与演讲厅、蓄水库、体育场和花园等。浴场的主要入口位于北侧,入口两侧是供商店和居住用的两层楼。浴场内的装修十分豪华,内外墙壁布满出于名家之手的绘画和雕像(见图 4-8),令人有置身美术馆的感觉,事实上,其中幸存的许多镶嵌画和雕像如今已成为许多博物馆的珍藏品。浴场的地面铺装也甚为精美。卡瑞卡拉浴场后来成为建造教堂的采石场。尽管如今已是屋塌墙倒,表面装饰也被破坏殆尽,但那混凝土构筑的庞大废墟仍能令后人联想起它当年的壮观气派。

图 4-8 浴场内部复原图

4.5 罗马的戴克里先浴场(Baths of Diocletian)

像卡瑞卡拉这样的大型浴场,罗马城中先后建有 11 座,中小型浴场更是星罗棋布。

由戴克里先皇帝建造的位于罗马城东北的大浴场是一座保存较完整的大型浴场建筑。它建于 306 年,主体建筑较卡瑞卡拉规模更大,长 240 米,宽 148 米,据说可以同时容纳 3000 人洗浴。与卡瑞卡拉浴场的命运有所不同,戴克里先浴场的一部分后来被“幸运地”改造为圣马利亚教堂[1561 年由文艺复兴时期的伟大艺术家米开朗琪罗(B. Michelangelo,1475—1564)设计],才幸免于难,其中包括采用混凝土交叉拱结构的冷水浴大厅(见图 4-9,长 61 米,宽 24.4 米,高 27.5 米)及温水浴室(其穹顶直径约 20 米)。

图 4-9 罗马的戴克里先浴场

4.6 罗马的巴西利卡(Basilica)

巴西利卡是罗马人在神庙和柱廊形式基础上发展出来的一种综合用作法庭、交易所或会场的长方形大厅建筑类型。对于后来的基督教建筑产生了很大影响。与神庙相比,巴西利卡的入口一般在较长的立面,它的内部被柱廊划分成中厅和侧廊两部分,其中,中厅部分较高、较宽,侧廊部分较低、较窄,且分为上、下两层。中厅的端头一般设有半圆形龛,供法庭裁判用。巴西利卡屋顶大多是木造的,中厅木桁架的跨度很大。

4.6.1 埃米利亚巴西利卡(Basilica Aemilia)和朱利亚巴西利卡(Basilica Julia)

罗马城中建造有多座巴西利卡,其中两座分布在罗马广场上,即埃米利亚巴西利卡和朱利亚巴西利卡(见图 4-10)。埃米利亚巴西利卡建造于公元前 179 年,是一座由柱子支撑的木造屋顶的老式巴西利卡。而朱利亚巴西利卡则是第一座采用混凝土浇筑的拱形屋顶的巴西利卡。这座巴西利卡原建于凯撒时期,因其木造屋顶在公元前 12 年被烧毁,同年,奥古斯都采用业已成熟的混凝土技术重建了这座建筑,其由三圈外包大理石的十字形墩柱构成的回廊采用了混凝土交叉拱顶,这在当时是一项十分新颖的设计。其长 82 米、跨度 18 米的中央大厅仍采用了传统木屋顶。

图 4-10　埃米利亚巴西利卡和朱利亚巴西利卡

4.6.2 罗马的君士坦丁巴西利卡(Basilica of Constantine)

3 世纪中期,罗马帝国经历了一段军阀混战的动荡时期,在 50 年内,罗马出现了 26 位皇帝,其中只有一位得以善终。这种混乱局面在奴隶家庭出身的军人戴克里先成为皇帝后才得以改善。这位中兴皇帝深感罗马帝国的规模已经膨胀到单靠一个人难以有效控制的地步,于是在 286 年将帝国一分为二,他自己控制罗马帝国较富庶的东半部,而将包括罗马城在内的西半部交给他的一个心腹去管理。

两位皇帝又分别将各自辖区再次一分为二,各任命一个副皇帝负责其中一个辖区。其他三位年轻的皇帝都承认戴克里先的最高权威。这个新体制有效地恢复了帝国的良性运转秩序,但戴克里先于 305 年退位后,在东西正副皇帝及其可能的继承人之间又爆发了新的冲突,到 312 年时,罗马帝国实际上同时拥有四位正皇帝。308 年,在维纳斯与罗马神庙和罗马广场之间,当时统治罗马城的皇帝马克森提开始建造一座完全采用混凝土覆盖的巴西利卡。但工程尚未完工，312年，他就被另一位皇帝君士坦丁推翻，后者在324年再次统一帝国全境，成为帝国唯一的皇帝。君士坦丁延续了马克森提的工程计划，在313年将这座巴西利卡（见图4-11）完工。这座独特的巴西利卡是古代罗马伟大的建筑之一，也是唯一一座采用混凝土交叉拱结构的巴西利卡。

交叉拱结构（见图4-12）是罗马人在拱顶结构的基础上作出的又一项重大创造。所谓交叉拱，即由垂直相交的两个筒形拱形成的复合拱顶，由于两拱相交处形成棱角，所以也被称为棱拱。传统的筒形拱顶施工方便，并能取代木构架跨越较大的空间，但是空间内部采光不理想；而十字交叉拱结构能有效改善室内采光条件，并使内部空间显得更加宏伟壮观。

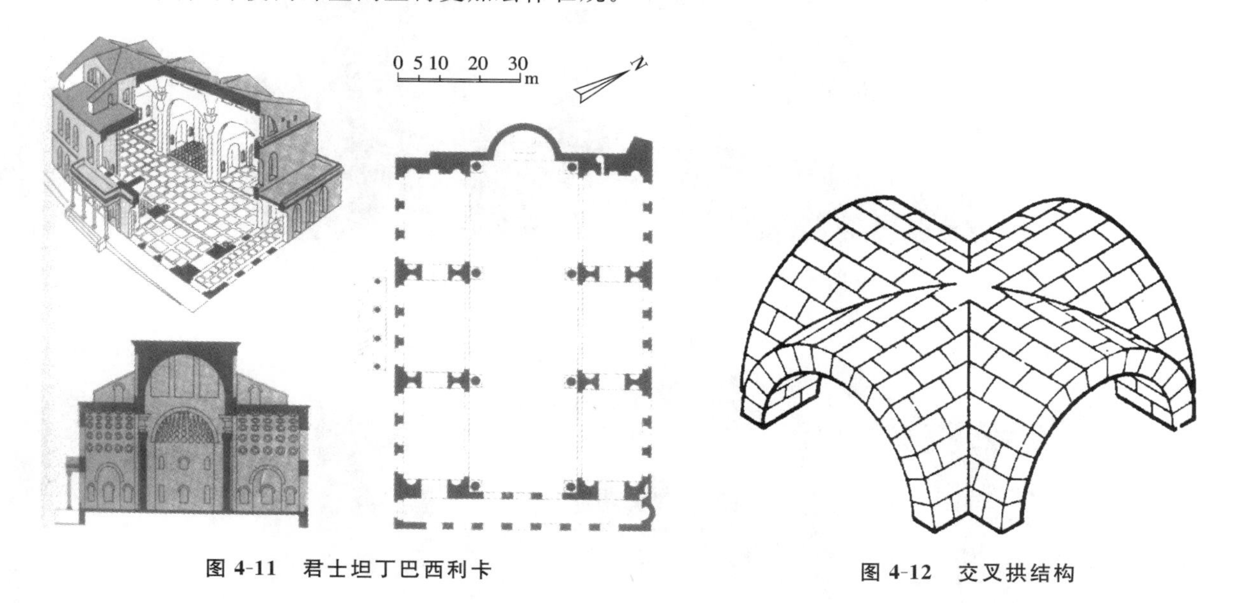

图4-11 君士坦丁巴西利卡

图4-12 交叉拱结构

这座两种称法（君士坦丁或马克森提）并存的巴西利卡长80.8米，宽59.4米。它的中厅部分由三个连续十字拱组成，跨度达25.3米，内部顶高达36.6米。它的左右侧廊由三个筒拱组成，跨度为23.2米。整座建筑气势雄伟，是一座堪与万神庙相比的混凝土建筑奇迹。但是它的命运却远不如万神庙，在岁月和后人无情的摧残破坏下，最宏伟的中央大厅早已毁坏殆尽，只剩北侧的侧廊残存，而表面的饰面石材也早已被人拆除一空（见图4-13）。

4.6.3 特里尔的巴西利卡(Basilica of Trier)

与传统神庙不同，基督教的"神殿"——教堂，并不是保藏上帝偶像的建筑，也不是上帝的住所，而是基督徒举行聚会、礼拜和祈祷等活动的场所。正因为这种特殊的信仰需求，基督徒在获得官方的正式承认，不再东躲西藏地秘密集会之后，在无先例可循的情况下，大都选择几乎不带任何其他宗教印迹的巴西利卡作为他们的活动场所。

310年，君士坦丁在他当时分治的帝国西北区的首府特里尔给他的母亲修建了一座巴西利卡式的宫殿（见图4-14），后来，他的母亲将它献出作为纪念圣彼得的教堂。这座最古老的巴西利卡教堂长70

图 4-13　君士坦丁(马克森提巴西利卡)内部

图 4-14　特里尔的巴西利卡

米，宽 27 米，没有侧廊，采用木造屋顶，高约 30 米(见图 4-15)。大厅尽端的半圆形凹室原先一般用作裁判室，如今被恰到好处地改造成为祭坛(A1tar)，牧师站在这里向教徒们传经布道。与这一改动相对应，巴西利卡的主要入口由长边改到与祭坛相对的另一端。这样的改动使人对巴西利卡内部空间的感受产生了根本的变化。古罗马的巴西利卡是前后左右完全对称的，人从宽广的一边进入，感受到的是一个与万神庙相似的静态的空间。而基督教的巴西利卡式教堂则不同，当人从短边入口进入，视线立刻就会被

图 4-15 特里尔的巴西利卡内部

居主导地位的由整齐排列的天花板、窗框、墙角和长椅等所形成的透视线吸引到祭坛那里，牧师正在象征耶稣受难的十字架下朗读经文，你会不由自主地随着人流走上前去，接受上帝的赐福。一切都是为了人设计的，基督徒成为这个空间不可分割的组成部分。这是基督教堂与神庙最大的区别。

小 结

古罗马建筑是继承了古希腊和古西亚等地区的建筑成就，并结合本民族的建筑特点而发展起来的。它在建筑类型、建筑规模、建设活动、工程技术、空间组合和构图手法等方面都远远超过了古埃及、古希腊和西亚，达到了古代建筑艺术上一个新的高峰，对整个欧洲建筑有很大的影响。维特鲁威的《建筑十书》是世界上第一部完整的建筑学理论著作，成为后世复兴古典建筑传统的蓝本。火山灰混凝土和拱券技术的运用，是古罗马取得伟大建筑成就的前提。

思 考 题

1. 简述罗马万神庙的建筑成就。
2. 试分析古希腊与古罗马建筑艺术的异同。
3. 简述古罗马柱式与古希腊柱式的区别。

4.介绍一个你最欣赏的古罗马建筑。
5.简述罗马巴西利卡的空间特征。
6.试分析交叉拱的结构特点。

5 拜占庭建筑艺术

4 世纪，罗马帝国由于奴隶制度危机，濒临灭亡。公元 330 年，罗马皇帝君士坦丁迁都到帝国东部的拜占庭，并将其命名为君士坦丁堡，企图以东方的财富和奴隶制度的相对稳定来延续帝国的命运。公元 395 年，罗马帝国分裂为东、西两个帝国。东罗马帝国以君士坦丁堡为中心，因欧洲经济重心东移而保持繁荣，经过几度盛衰，在 1453 年被土耳其人所灭。

拜占庭原是古希腊与罗马的殖民城市，故东罗马帝国又习称拜占庭帝国，其建筑也称拜占庭建筑。它的版图以巴尔干半岛为中心，包括小亚细亚、地中海东岸和非洲北部。

拜占庭建筑可按其国家的发展分为三大阶段。前期，即兴盛时期(4—6 世纪)，主要是按古罗马城的样子来建设君士坦丁堡。建筑有城墙、城门、宫殿、广场、输水道与蓄水池等。基督教是其国教，教堂越建越大，越建越华丽，以至 6 世纪出现了规模宏大的以一座大穹隆为中心的圣索菲亚教堂。中期(7—12 世纪)，由于外敌相继入侵，国土缩小，建筑减少，规模也大不如前。其建筑的主要特点是占地少而向高处发展，中央大穹隆改为几个小穹隆群，其功能偏重于装饰，如威尼斯的圣马可教堂和基辅的圣索菲亚教堂，就是这种风格在西方与北方的反映。后期(13—15 世纪)，十字军的数次东征使拜占庭帝国大受损失。这时期的建筑既不多，也没有什么创新，在土耳其人入主后大多破损无存。

拜占庭建筑是古西亚的砖石拱券、古希腊的古典柱式和古罗马特色的规模宏大的综合。特别是在拱、券及穹隆方面，小料厚缝的砌筑方法使建筑的形式灵活多样。教堂格局大致有三种：巴西利卡式、集中式(平面圆形或多边形，中央有穹隆)、十字式(平面十字形，中央有穹隆，有时四翼上也有)。此外，用彩色云石琉璃砖镶嵌和彩色砖来装饰也是其特点。拜占庭建筑通常下面是一立方体，上面是穹隆。

东欧与俄罗斯国家的建筑在风格上同拜占庭建筑接近。因为斯拉夫人早在 5 世纪便在军事上与拜占庭经常接触，9 世纪又皈依了基督教，并在文化上效法拜占庭。然而，一个民族或国家的建筑脱离不开其社会与民族文化，故虽风格相近，仍各具特色。中古俄罗斯建筑大致分为两个时期：基辅罗斯公国的建筑(11—14 世纪)和莫斯科公国的建筑(15—16 世纪)。前者的教堂常有浑圆饱满、富有生气的洋葱头形穹顶，如诺夫哥罗德的圣索菲亚教堂；后者则除了穹顶外还有来自民间建筑的帐篷顶，如科洛敏斯基的伏兹尼谢尼亚教堂、莫斯科红场南端的华西里·柏拉仁诺教堂和莫斯科克里姆林宫。16 世纪后，随着彼得大帝提倡向当时先进的西欧学习，俄罗斯建筑逐渐向西化发展。

5.1 君士坦丁堡的圣索菲亚大教堂(Church of St. Sophia)

集中式建筑要想得到更大的发展，必须解决一个重要的技术性问题，即如何将圆形平面的穹隆覆盖在方形平面上，这样才便于同其他形式的平面(如可容纳众多信徒的巴西利卡式)相结合。对于较小的方形平面来说比较好办，但如果空间稍大一点，就要用大块石材层层抹角，这样做必然会破坏穹顶的内部形象,达不到理想效果,空间面积也受到一定限制。另一种方法是使用突角拱(Squinch,或称抹角拱、扇形穹隆)的构造方式使方形平面变成近似圆形的八边形,或者还可以用更小的突角拱将八边形变成更接近圆形的十六边形,进而变成真正的圆形基座,就可以在上面砌筑圆穹顶。许多教堂的穹顶都采用了这种方法,比如圣塞尔吉乌斯和圣巴克乌斯教堂的穹顶,但它的形象仍不够简洁。经过长时间的探索,工匠们终于找到一种理想的解决方法,先在方形平面的四个边发券,再在四个券之间砌筑以对角线为直径的穹顶,穹顶的重量通过边上的四个券传送到柱子上去。这种方法成功地解决了在方形平面上造出圆穹顶的问题,而且可以实现较大的跨度,但从视觉上来说,仿佛是一个以对角线为直径的完整的穹顶,在四个边上分别被切掉一个部分,穹顶的形象还不够饱满。为彻底解决这个问题,工匠们又进行了进一步的探索,先在四个券间依次向上砌成如球面三角形的帆拱,四个帆拱的上沿正好连成圆形;以这个圆为基础就可以砌筑完整的穹顶——帆拱式穹隆也可以再向上砌一段圆柱式墙面,即鼓座,再在鼓座上砌筑出完整的穹顶。这样一来,不仅达到了结构上的要求,而且也使穹顶的内外形象非常突出。这一重大的技术突破解决了穹顶与巴西利卡结合的问题,为以穹顶为主要表现对象的集中式教堂在拜占庭的发展打开了大门,使之从此成为拜占庭教堂建筑的主要类型。

最先运用这一穹隆新技术的是历史上非常伟大的教堂之一——圣索菲亚大教堂(见图 5-1,四角的宣礼塔系 15 世纪信奉伊斯兰教的土耳其人将其改为清真寺后加建的)。532 年,一场由暴乱引发的大火将君士坦丁堡的中心城区化为灰烬,最初由君士坦丁建造的巴西利卡式圣索菲亚大教堂继 404 年之后再次被火焚毁。暴乱平息后,查士丁尼立即下令重建大教堂。工程由来自小亚细亚的杰出数学家安特米乌斯和建筑师伊西多尔负责。537 年,大教堂建造完成。新的圣索菲亚大教堂端坐在博斯普鲁斯海峡的入口,成为当时东罗马帝国乃至整个基督教世界最大的、万众景仰的基督教堂。

图 5-1　君士坦丁堡圣索菲亚大教堂(见彩图 14)

大教堂采用了巴西利卡式和集中式相结合的新形式——穹顶巴西利卡式,由帆拱支撑的直径 31.9 米的大穹顶覆盖于巴西利卡中厅上空(见图 5-2),光线从 40 道肋间的窗子散入,将整个穹顶托举在 56.2 米高的空中。其壮观程度甚至超过了直径更大的罗马万神庙。传说查士丁尼在目睹这一杰作之后激动地叫道:“所罗门啊,我已经胜过你了!”

这座伟大的穹顶由砖砌成,而非像万神庙一样用混凝土。因为在小亚细亚难以得到配制罗马混凝土的特别原料火山灰,而用当地材料配制的混凝土质量很差,只能用以构筑简单的小穹顶。同时,小亚细亚和中东地区自古就有用砖砌拱的传统——拱券技术正是由这一地区传到意大利的，因而，早在罗马帝国时期，廉价的砖就已成为帝国东部地区混凝土材料的代用品。与混凝土浇筑的万神庙穹顶相比，圣索菲亚大教堂的砖砌穹顶要薄得多，但仍有很大的重量，在穹顶底部会产生很大的侧推力。万神庙是用厚重的实墙来抵消侧推力并承受穹顶重量的，使得内部空间十分闭塞。而圣索菲亚大教堂的穹顶重量是通过帆拱支撑在方形大厅四角的四个大柱墩上，东西方向上，中央穹顶的侧推力由层层跌落的半穹顶逐级化解；南北方向上，由四堵长 18.3 米、宽 7.6 米的墙牢牢地抵住帆拱和柱墩以使穹顶稳固。

图 5-2　君士坦丁堡圣索菲亚大教堂内部

原本整个教堂内部的墙面和穹顶几乎都装饰着彩色马赛克和大理石(见图 5-3)，但其中不少装饰画特别是人像画都被后来的土耳其入侵者涂抹掉了。柱子的形式有好多种，有的是由科林斯柱头变形产生的新式样。柱身颜色大多是深绿色，柱头是白色，深雕的莨菪叶上有着精致的卷涡。地面铺装着采自埃及的大理石，精美的纹理仿佛是百花盛开的草地。当时有名的历史学家普洛可比乌斯形容说："人们来到这里，可以欣赏紫色的花、绿色的花；有些是艳红的，有些闪着白光，大自然像画家一样把其余的染成斑驳的色彩。一个人到这里来祈祷的时候，立即会相信，并非人力，并非艺术，而是只有上帝的恩泽才能使教堂成为这样，他的心飞向上帝，飘飘荡荡，觉得离上帝不远……"1453 年土耳其人占领君士坦丁堡后曾将其改为清真寺，如今，这里已成为瞻仰古人建筑奇观的博物馆。

图 5-3　查士丁尼大帝在大主教的陪伴下主持教堂奉献礼的情景

5.2 威尼斯圣马可大教堂(Cathedral of S. Marco)

举世闻名的水城威尼斯坐落于亚得里亚海由 118 个珊瑚礁、159 条水道组成的岛群之上,由一条 4 公里长的海堤与陆地相连。在伦巴第人大举入侵的年代里,许多罗马帝国的臣民渡海逃难至此,历经数百年,终于将威尼斯建设成为一座美丽、富饶和强大的海上城市。

当西方世界还处在中世纪的漫漫长夜之时,仍然臣属于拜占庭帝国的威尼斯人却在同东方文明社会的贸易交往中大获其利。1043 年,富足的威尼斯人效仿君士坦丁堡神圣使徒教堂开始重建存放有《圣经》人物马可遗体的圣马可大教堂(见图 5-4),1094 年教堂建成。作为城市宗教和政治权力的中心,多少年间,威尼斯人的全部生活都围绕着它在运转。教堂的正立面上有五座具有罗马特点的拱门,每个门洞上都绘有圣经故事中的一个场面。中央拱洞的上方陈列着四匹古典时代青铜战马雕像(1204 年第四次十字军东征时从君士坦丁堡掠夺来的战利品)。1798 年,拿破仑曾将它们运至巴黎,后又被运回威尼斯,如今原作被收藏于大教堂内。

图 5-4 圣马可大教堂

圣马可大教堂的平面呈希腊十字形,全长约 76 米,宽 62 米,十字形的四臂上都有穹顶,其中前厅的穹顶与中央穹顶一样大,直径约为 12.8 米,但中央穹顶更高,内部达 28 米,左、右臂和祭坛前的穹顶较小一些。为使外观形象更加突出,穹顶的顶部后来又特意用木构架加高了一层,使中央穹顶的外观高度达到 43 米。

圣马可大教堂的内部近 5000 平方米的内表面全部镶嵌着彩色大理石和金底马赛克，显得金碧辉煌，素有“黄金宫”之称。

5.3 拜占庭对俄罗斯建筑的影响

俄罗斯人属于东斯拉夫人，约在 862 年时，在诺夫哥罗德出现了第一个俄罗斯国家，并于 882 年将其首都迁至基辅。早期的俄罗斯人信奉的是原始的拜物教，980 年成为俄罗斯统治者的基辅大公弗拉基米尔开始认真考虑适合的国家信仰问题。他派出了使者前往信奉天主教、犹太教、伊斯兰教和东正教的国家进行考察并听取汇报。他拒绝了当时还不够强大的罗马天主教，因为在那里看不到他所渴望的荣誉；拒绝了犹太教，因为犹太人连他们的圣地耶路撒冷也保不住；还拒绝了伊斯兰教，因为它戒肉、禁酒，而没有了酒，俄罗斯人连一天也活不下去；最终决定皈依君士坦丁堡的东正教，因为他派出的使者为他们在圣索菲亚大教堂中所看到的场景而倾倒，他们向大公描绘道：“……我们不知道是在天空，还是在人间。因为人间没有如此壮观和美丽的景象，简直叫我们难以形容。”988 年，弗拉基米尔大公下令俄罗斯人全体改信东正教。

5.3.1 基辅圣索菲亚大教堂(Church of St. Sophia)

1031 年在基辅建造的圣索菲亚大教堂(见图 5-5)是俄罗斯早期最大和最重要的教堂建筑。从平面上看，它的核心部分是四柱十字式，受技术限制，其中央穹顶只能做到将近 8 米，因此为扩大教堂面积，便在十字形的三面添加了三重环廊，相互均以拱洞连通。从外观上看(见图 5-6)，大小 12 个穹顶围绕中央穹顶形成逐渐升高的金字塔式造型。这座教堂后来经过较大的改造，穹顶上又被添加上一层形似洋葱头的穹顶造型(Onion Dome)和巴洛克风格的穹顶采光塔，墙面饰以白灰，映衬着中央金顶，显得富贵典雅。

图 5-5 基辅圣索菲亚大教堂(一)

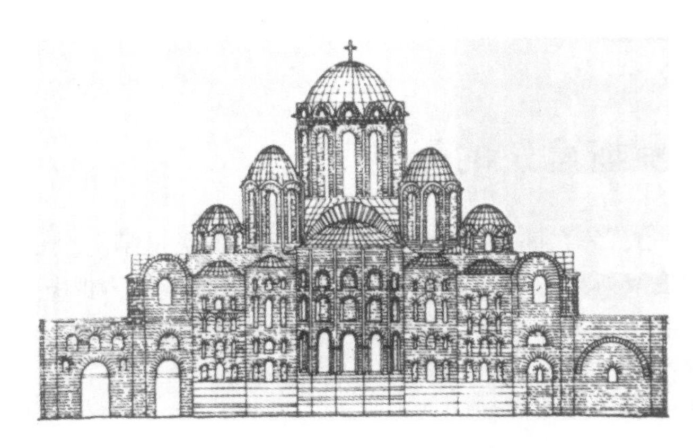

图 5-6　基辅圣索菲亚大教堂(二)

5.3.2　莫斯科的致福圣瓦西里大教堂(Church of St. Basil the Blessed)

1237 年,成吉思汗的孙子拔都统率的蒙古大军席卷了俄罗斯并占领了基辅。俄罗斯人被迫从平原地带撤离,在森林深处的莫斯科建立了新的国家——莫斯科公国。这个新的国家起初一直向蒙古人称臣纳贡。1480 年,娶了已经在 1453 年灭亡的拜占庭帝国末代皇帝侄女为妻的莫斯科大公伊凡三世宣布俄罗斯成为“第三罗马帝国”——他称拜占庭帝国为第二罗马帝国,并停止向蒙古人进贡。1552 年,被称为“恐怖的伊凡”的伊凡四世自称沙皇,率领军队攻克了蒙古人在欧洲的最后一个重要城堡喀山。为了纪念这一具有历史意义的重大胜利,伊凡四世下令在莫斯科红场建造一座宏伟的大教堂,这就是著名的致福圣瓦西里大教堂(见图 5-7),象征对蒙古人的九次胜利,教堂底部用宽阔的大平台将上部联合成整体。中央教堂高 47 米,屋顶是俄罗斯独特的“帐篷顶”。在中央教堂的周围,由八座小教堂组成一个菱形,其中位于菱形角上的四座小教堂相对较大较高。八座小教堂顶上都覆着形状、色彩、装饰各异的洋葱头式穹隆。大教堂用红砖砌造,装饰极富特色:主色调是红色,夹杂着金色、蓝色、黄色和红色,就像一束巨大的蜡烛,火苗在欢快地旋转、跳跃。致福圣瓦西里大教堂是人类建筑史上不可多得的艺术珍品。

图 5-7　莫斯科致福圣瓦西里大教堂

5.3.3 莫斯科克里姆林宫(Kremlin)

与致福圣瓦西里大教堂隔着红场相望的是克里姆林宫的宫墙，宫墙上建于1625年的斯巴斯卡娅钟塔(见图5-8)是莫斯科城的标志。宫内最有名的建筑是圣母升天大教堂、报喜大教堂、天使大教堂和伊凡钟塔(见图5-9)。圣母升天大教堂建于1475—1479年，是俄国东正教的主教堂，历代沙皇都在此加冕；报喜大教堂建于1484—1486年，是沙皇的宫廷教堂；天使大教堂建于16世纪早期，用于举行葬礼；高80多米的伊凡钟塔建于1508—1560年，平面为八边形，外形如同一座巨大的石柱，是俄国中央集权"最高统治"的象征。

图5-8　莫斯科克里姆林宫钟塔

图5-9　莫斯科克里姆林宫教堂建筑

小　　结

拜占庭建筑汇集了古罗马建筑的经验和东方建筑的方法，发展出自己独特的建筑风格。在穹隆顶结构复杂的内部空间构图和装饰方面都有显著的成就，并对东欧建筑和伊斯兰教建筑产生直接的影响。拜占庭风格还促进了15世纪的意大利文艺复兴运动的发展。拜占庭建筑是古西亚的砖石拱券、古希腊的古典柱式和古罗马的宏大规模的别具特色的综合。特别是在拱券及穹隆方面，小料厚缝的砌筑方法使它们的形式灵活多样。此外用彩色云石琉璃砖镶嵌和彩色砖来装饰也是其特点。拜占庭建筑通常下面是立方体,上面是穹隆。

东欧与俄罗斯国家的建筑在风格上同拜占庭建筑接近。因为斯拉夫人早在5世纪时便在军事上同拜占庭经常接触,9世纪又皈依了基督教,并在文化上效法拜占庭,然而一个民族或国家的建筑是脱离不开社会实际与民族文化的,故这两种风格虽近似但仍各具特色。

思　考　题

1. 何谓拜占庭建筑,简述其艺术特色及主要影响。
2. 简述圣索菲亚大教堂取得哪些艺术成就。
3. 简述圣马可教堂的艺术价值。

6 罗马风建筑艺术

12 世纪以前的西欧建筑，是从古罗马和查理曼帝国的废墟中，在罗马时代的结构和形式基础上创造和发展起来的，所以当 19 世纪人们对艺术史进行科学的划分时，将它称为"罗马风"。这一时期的建筑与哥特建筑一样，建筑活动的主题为宗教建筑，建筑艺术集中表现在教堂建筑上。罗马风建筑把当时人们对天国的梦想，结结实实地用石头砌筑在教堂上。

6.1 罗马风建筑的特征

罗马风建筑的典型特征是：墙体巨大而厚实，墙面用连列小券，门窗洞口用同心多层小圆券，以减少沉重感。西面有一两座钟楼，有时拉丁十字交点和横厅上也有钟楼。中厅大小柱有规律地交替布置。窗口窄小，在较大的内部空间形成阴暗神秘的气氛。朴素的中厅与华丽的圣坛形成对比，中厅与侧廊较大的空间变化打破了古典建筑的均衡感。

随着罗马风建筑的发展，中厅越来越高。为减少和平衡高耸的中厅拱脚的横推力，并使拱顶适应不同尺寸和形式的平面，后来又创造出了哥特式建筑。哥特式建筑风格完全脱离了古罗马的影响，而是以尖券（来自东方）、尖型肋骨拱顶、坡度很大的两坡屋面和教堂中的钟楼、飞扶壁、束柱和花窗棂等为特点。

6.2 罗马风建筑实例

6.2.1 亚琛的宫廷小教堂(Chapel of Aachen)

785—805 年建造的查理大帝的宫廷小教堂是加洛林时代保存下来的最大、最完好和最富艺术性的建筑物。它是以 6 世纪意大利拉韦纳的圣维塔莱教堂为蓝本兴建的八边形建筑（见图 6-1），被称为查理曼的"文艺复兴"。查理曼死后就葬在这座小教堂内。

教堂的八边形中厅被两层走廊环绕，其中较高的二层柱廊又被分成两层，从而看上去墙面被分成了三段。教堂的穹顶建在开有窗子的鼓座上，直径超过 15 米。穹顶用大理石和宗教题材的马赛克画装饰，而拱券部分则被处理成深浅相间的棋盘状，这种处理通常是用不同颜色的石块或砖混合砌筑形成的，早在罗马帝国晚期就已出现。穹顶下吊着的枝形吊灯直径 4.2 米，是后来的"神圣罗马帝国"皇帝腓特烈一世于 1165 年为纪念查理大帝被列入圣人行列而敬赠的。这座小教堂后来成为哥特式亚琛大教堂的一部分，外观产生了不少变化（见图 6-2）。

6.2.2 米兰的圣安布罗乔教堂(Basilica Of Sant'Ambrogio)

中世纪的意大利在中法兰克王国统治者罗退尔死后陷入混乱状态。原来拥有百万人口的豪华都市

图 6-1 亚琛的宫廷小教堂

图 6-2 亚琛大教堂

只剩几千人,想当皇帝的德意志军阀一次又一次的光顾和劫掠更是使罗马的状况雪上加霜。而在意大利的北部地区,频繁的战争却造就了众多政治上相对独立并依靠长途贸易而日益兴旺的城邦,它们已经有足够的实力投入大型教堂的建造活动。

米兰就是这样的城邦之一。为纪念圣安布罗斯而建的米兰圣安布罗乔教堂是 11 世纪意大利北部罗马风建筑的代表。圣安布罗斯是基督教史上最有影响的人物之一,在 372—397 年任米兰主教。他曾以非凡的勇气和意志促使狄奥多西一世皇帝下令在帝国全境禁止异教,而独尊基督教。他的遗骨至今仍保存在这座教堂中。

与东方拜占庭不同,巴西利卡仍是西方占主导地位的教堂类型。从平面上看,圣安布罗乔教堂是一个较为典型的三廊巴西利卡式教堂,但没有明显的横厅;主祭坛位于中厅东端,由于设立了唱诗班席位而沿纵深方向拉长,后习惯总称为歌坛,侧廊东端各由一座半圆形小祭坛形成这一时期常见的三后殿平面形式;大门位于西端,左右各有一座塔楼;门外还有一座四面有回廊的前庭,这种古老的做法,以后逐渐废去。

早在罗马帝国时期,就有用交叉拱券来覆盖巴西利卡的做法。在罗马帝国灭亡后,由于建筑活动萧条,技术要求较高的交叉拱逐渐被荒废,多数巴西利卡教堂都采用木桁架来做屋顶,也有少数使用筒形拱顶。到了罗马风时期,出于防火安全考虑,交叉拱技术在一些地区得到恢复,米兰是其中之一,圣安布罗乔教堂的中厅就使用了交叉拱(见图 6-3),不过,由于混凝土技术已经失传,圣安布罗乔教堂的中厅交叉拱是用砖砌筑的。用砖砌筑交叉拱有以下两种方法:一种是事先将模板全部搭好,就像浇筑混凝土拱顶一样，不用考虑交叉部位棱线的形状问题；另一种是先砌拱肋，再在拱肋间分段砌筑拱顶，这样施工更为便利。按照一般的罗马交叉拱的形状，开间都接近正方形，如果采用第二种方法，纵横两向的拱肋都做成半圆形，那么对角拱肋则不可能是圆形，而会是复杂的椭圆形，这将给施工带来困难。因此，在采用第二种方法的圣安布罗乔教堂中，对角拱肋被砌成更容易施工的近似半圆形，由于它的半径明显大于纵横向的拱肋半径，就形成中央隆起的特殊的交叉拱（见图 6-4），从形象上看，这样的交叉拱更像是拜占庭常见的帆拱式穹隆。

图 6-3　圣安布罗乔教堂的中厅

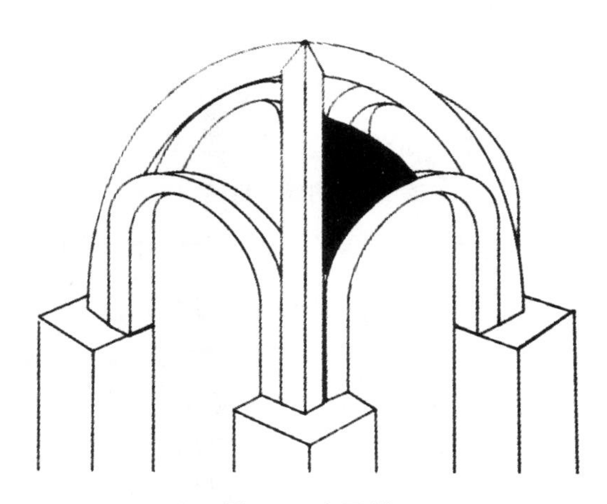

图 6-4　交叉拱

虽然采用砖砌拱顶解决了防火的问题，但又产生了新的技术问题，这就是如何平衡拱顶的侧推力。在圣安布罗乔教堂中，除了确保墙体具有必要的厚度外，侧厅的上方又加了一层拱顶（见图 6-5），并在外侧用了扶壁。由于窗洞只能开在侧厅中，因而中厅光线较为昏暗。

使用了正方形交叉拱后，加宽了中厅和侧厅间的柱廊开间，也增大了每个支柱部分的荷载，因此支柱的截面必须增大，以前常用的古典柱式不再适用。在圣安布罗乔教堂中，单一的支柱被看似支撑不同方向拱肋的附柱组成的束形柱所取代。为了加强中厅与侧厅的区别，又在大束形柱间增加了一个较小的束形柱，同时用于支撑侧厅上方的小拱顶，形成双层侧廊构造。圣安布罗乔教堂的西立面处理成具有人字形山墙顶的双层拱廊，两侧分别立有塔楼，其中西南侧的是老教堂遗存下来的。在山墙檐口之下，有一种用作装饰的连续假券带，这是罗马风建筑常见的装饰符号，被称为伦巴第券带（见图 6-6），它最早是在米兰所在的伦巴第地区流行起来的，后来传到拜占庭及欧洲其他许多地区。

图 6-5 侧厅的拱顶

图 6-6 伦巴第券带

6.2.3 摩德纳大教堂(Cathedral of Modena)

始建于 1099 年的摩德纳大教堂,西立面呈现三段阶梯式山墙构造,直接反映内部巴西利卡的构成情况,这是意大利北方巴西利卡式教堂立面的又一种典型特征。教堂的中厅前后端都有较小的尖塔,在歌坛的北外侧还有一座较大的塔楼。连续的假券装饰带出现在侧廊墙面上,并形成不同的层次(见图 6-7)。中厅高度较圣安布罗乔教堂高(见图 6-8),因而可在双层侧廊上方的墙面开窗采光,使中厅侧墙呈现三层构造。但其二、三层窗洞面积较小,相比之下,墙垣显得比较厚重,使空间呈现静穆和安定之

图 6-7 摩德纳大教堂

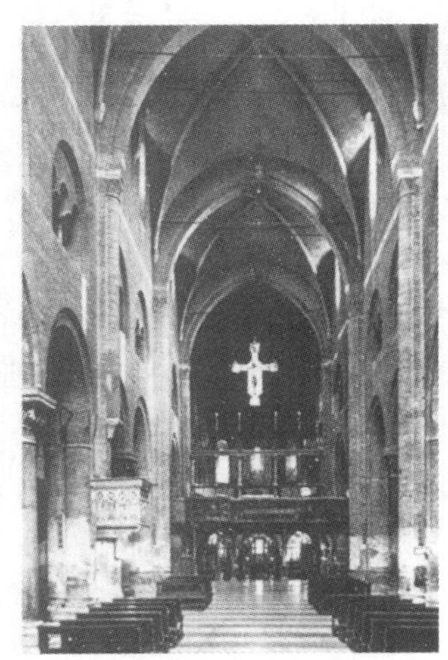
图 6-8 摩德纳大教堂中厅

感，这几乎是所有的罗马风建筑给人的共同感觉。此外，中厅交叉拱中横向拱肋得到加强，并将下沿处理成尖拱（Ogive）状，但上沿仍是半圆形，交叉拱的中央仍向上拱起。

6.2.4 比萨大教堂（Cathedral of Pisa）

意大利罗马风建筑中最著名也最美的应属比萨大教堂建筑群（见图 6-9），其中的比萨斜塔更是家喻户晓。

图 6-9 比萨大教堂建筑群

1063 年，比萨海军在西西里岛附近打败了阿拉伯人，成为地中海的海上强国。为了纪念这次战斗胜利，比萨人着手建造了这座大教堂。大教堂采用拉丁十字式平面，全长约 95 米，中厅的两侧各有两条侧廊。横厅分为三个厅堂，在中厅与横厅的交叉部有覆着穹顶的采光塔，与拜占庭希腊十字式教堂相比，拉丁十字式中的交叉部穹顶在整体构图中并不是最重要的部分。中厅内部立面构成与佛罗伦萨的圣米尼奥托教堂相似（见图6-10），二者同属一种类型，但这里在桁架下铺设了华丽的藻井。由于中厅高度较大，立面分为三层。大教堂的主立面是意大利风格的山墙式立面（其外观呈三段，实际内部为五廊构造），层叠的连续假券是比萨特有的装饰风格，后来流传到其他城市。大教堂与周围的几座建筑的立面基调均为白色，每隔两层白色大理石，就点缀一层彩色大理石，这也是拜占庭建筑的常用砌筑手法。大教堂四周都是草坪，在绿色草坪的映衬下，这里显得格外幽静、典雅。

图 6-10 比萨大教堂中厅内部

大教堂的北侧是公墓，庭院四面有柱廊，墓地里的土是在 13 世纪末十字军东征时，从被阿拉伯人占领的基督教圣地耶路撒冷城中基督被钉上十字架的加弗利山运来的。

大教堂的东南方是著名的比萨斜塔，该塔始建于 1173 年，

图 6-11 教堂建筑外观

由于地基不牢,在1274年建造第三层时就开始倾斜。据说如按原计划,塔高将超过100米,但由于倾斜,到1350年完成时只建造了55米。1590年,伟大的物理学家伽利略就是在这里进行了那场不朽的铁球试验。

大教堂的前方是始建于1152年的洗礼堂(见图6-11)。这是座矮胖的圆筒形建筑,墙上装饰着层叠的连续假券。它的穹顶表面很有意思,面向教堂的一半是白色石头,朝外的一半则铺着红瓦,在蓝天、白楼、绿地的映衬下显得生机勃发。洗礼堂的穹顶是圆锥形外套着圆形,环廊分为两层,洗礼堂的中央是洗礼仪式用的圣水槽。

小　　结

12世纪以前的西欧建筑,是从古罗马和查理曼帝国的废墟中,在罗马时代的结构和形式基础上创造和发展起来的,所以在19世纪人们对艺术史进行科学的划分时,将它称为“罗马风”(Romanesque)。罗马风建筑的典型特征是:墙体巨大而厚实,墙面用连列小券,门窗洞口用同心多层小圆券,以减少沉重感。西面有一两座钟楼,有时拉丁十字交点和横厅上也有钟楼。中厅大小柱有韵律地交替布置。窗口窄小,在较大的内部空间造成阴暗神秘气氛。朴素的中厅与华丽的圣坛形成对比,中厅与侧廊较大的空间变化打破了古典建筑的均衡感。

这一时期的西欧建筑与哥特建筑一样,建筑活动的主题为宗教建筑,建筑艺术集中表现在教堂建筑上——罗马风建筑把当时人们对天国的幻想,结结实实地用石头砌筑在教堂上。

思 考 题

1. 简述罗马风建筑的特征。
2. 图示交叉拱，简述其结构意义。
3. 简述比萨建筑群的统一性。

7 哥特建筑艺术

始于12世纪的哥特建筑为人类建筑史写下了光辉灿烂的一页。“哥特”原是西欧日耳曼游牧民族之一。15世纪，意大利文艺复兴运动提倡复兴古罗马文化，并试图贬低中世纪“蛮族”统治时代的艺术成就，于是把这一时期的建筑风格称为“哥特”。当然，在今天这个词已经不带有任何贬义，特别是法国、英国和德国这些由日耳曼民族后裔建立的国家，已将哥特风格视为他们真正的民族风格。

7.1 法国哥特建筑的开端

7.1.1 圣丹尼大教堂歌坛(Benedictine Church of Saint-Denis)

哥特建筑起源于法国王室领地法兰西岛。1130年，法国国王路易六世的权臣、修道院院长絮热开始主持位于巴黎市郊圣丹尼大教堂的重建工作。圣丹尼是巴黎第一位主教，在262年被罗马当局迫害致死。传说他被斩首后捧着自己的头颅走了6000步才死去，后来，人们就在他死去的地方建起圣丹尼大教堂以示纪念，并将其奉为法国天主教徒的守护圣人。老的圣丹尼大教堂是一个拉丁十字式的巴西利卡建筑，最早建于475年，是一所拥有多项特权的王室大修道院，也是法国王室墓地所在地，先后有60位国王埋葬于此。

絮热担任院长后不久，就开始着手教堂的前庭和歌坛部分的改造工程。

按照传统做法，环绕歌坛设置的小礼拜室顶部一般由半穹顶覆盖，这使得支撑穹顶的墙体比较厚实，也不可能开设面积较大的窗。前文已经介绍过，交叉肋骨拱的应用能够有效减少拱顶重量，而尖拱的应用又能有效化解拱顶重量对拱脚产生的侧推力，因此，将这二者结合在一起就有可能使罗马风建筑中支撑拱顶和平衡侧推力所必需的厚实墙体失去其实用价值。

絮热充分认识到这一变化所蕴藏的空间塑造潜力，他创造性地在十分复杂的平面上应用交叉肋骨尖拱作为穹顶骨架(见图7-1)。由于构成肋骨拱的每一块石头的下沿均被能工巧匠们仔细做成纤细的圆滑相连的枝状，看上去仿佛不是由坚实有力的肋骨拱，而是由这些细弱的“枝条”支撑着石砌的拱顶，这除非是有“神力”相助，否则是难以想象的。如此一来，原本物质的构造忽然间被精神化了，被赋予了神秘的含义。另一方面，由于墙体作用的消失，可以将支撑肋骨拱的立柱之间的墙面全部打开，开设大面积的窗子，并用彩色玻璃对每扇窗进行装饰。这些彩色玻璃一小块、一小块地镶嵌在格子上，拼成一幅幅的无字圣经。当太阳从东方升起，光线透过这些五彩的窗子照射进来，如同神的启迪和天国的荣耀，为那些迷惘在现实的苦难和黑暗中的信徒指引出一条光明之路。

圣丹尼大教堂歌坛这些极富创意的尝试很快获得人们的认同，并在法国其他地区推广开来，它也因此被认为是第一座哥特建筑。圣丹尼大教堂的西立面(见图7-2)仍保留着罗马风的特征，但两座塔楼如今只保存下来一座。

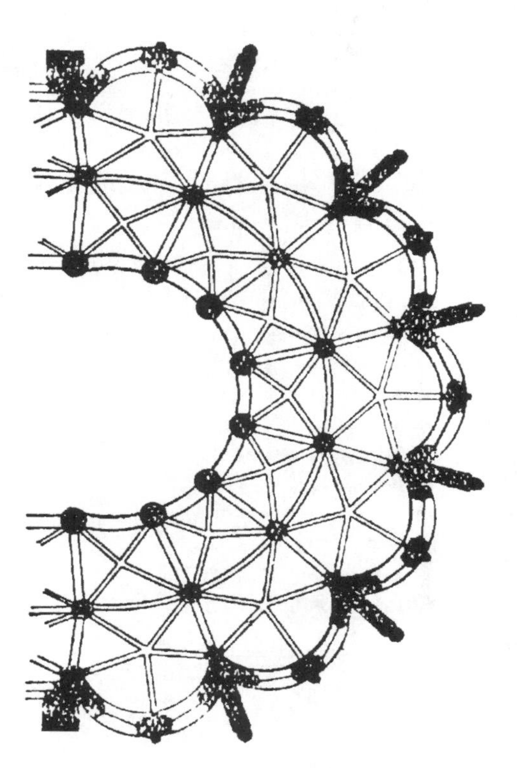

图 7-1 穹顶骨架

图 7-2 圣丹尼大教堂的西立面

7.1.2 巴黎圣母院大教堂(Notre Dame, Paris)

塞纳河上的西岱岛是巴黎的发源地,1163 年在这里开工建设的巴黎圣母院大教堂(见图 7-3)是最著名的哥特式大教堂,同时也是过渡时期最后一座重要建筑。早在罗马时期,这个地方就曾经建有神庙,后来在 6 世纪时被拆毁并修建了巴西利卡式教堂。由于年久失修,1163 年,在巴黎主教苏利的提议下,教皇亚历山大三世亲自为新教堂奠基。

巴黎圣母院的立面简洁有序,左右严整对称,中央两条连续假券以及 28 位古代以色列和犹太国王的雕像带将被 69 米高的双塔垂直分成三段的结构有机联系起来,正中的玫瑰窗直径约达 10 米。大门上的雕刻非常精美(见图 7-4),继承了罗马风时代的特点。正中的大门上,尖券形门楣代表“最后的审判”,耶稣脚下左边是得救升天的善人,右边是被锁链牵住走向地狱的恶人,他们一直走向逐级凹进的门框的最后一级,并从那里一头栽进厉鬼操纵的油锅里,不得超脱。门中柱上也刻有耶稣的形象,中柱上方的门梁表现的是耶稣复活。在门框上逐级排列着使徒、圣人和天使的形象,拱绕着耶稣。左右两边门的雕刻也具有类似特点。此外,在建筑的外表面上还有许多奇特而精致的妖魔鬼怪和卷叶雕饰,使整个建筑平添了几分轻快和神秘(见图 7-4)。横厅与中厅相交部上空的细尖塔,系 19 世纪教堂修复时期加

(a)

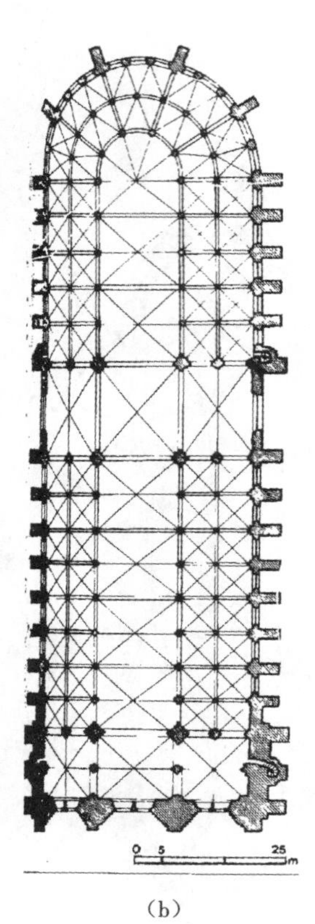

(b)

图 7-3 巴黎圣母院大教堂

图 7-4 巴黎圣母院大门上的雕刻

建(见图 7-5),高达 90 余米。横厅山墙上的大玫瑰窗直径达 13 米,其构图考究,彩绘玻璃镶嵌亦极为精美。

图 7-5 巴黎圣母院尖塔

由于中厅的高度达 33 米,故内侧廊做成双层(见图 7-6),其上原本设有玫瑰窗式楼廊,使中厅内立面呈现四层构造,但后来玫瑰窗与上部采光窗打通,使中厅采光效果进一步得到改善。中厅顶部也采用六分肋骨拱,且肋下束柱和下层圆柱完全相同,从而形成有节奏的连续感,基本摆脱了罗马风的传统。侧廊顶也是交叉肋骨拱,支柱有规律地在束柱和圆柱间变换。它的平面[见图 7-3(b)]继承了克吕尼三世修道院教堂围绕半圆形歌坛外布置放射状排列小礼拜室的特点,同时歌坛部分也如拉昂圣母院大教堂那样延伸很长,使横厅几乎位于纵轴线的中央。中厅的两侧设有两条侧廊,平面十分开阔,总宽度约 47 米,长约 130 米,可容近一万人。侧廊旁还有很多矩形小间,名为歌祷室,用于献弥撒并为捐款建造者或命名者的灵魂祈祷。

图 7-6 巴黎圣母院大教堂内侧廊

7.2 盛期法国哥特建筑

7.2.1 沙特尔圣母大教堂(Chartres Cathedral)

1194 年在一场火灾之后重建的沙特尔圣母大教堂(简称沙特尔大教堂,见图 7-7)标志着法国哥特建筑盛期的到来。与初期的哥特教堂相比,盛期的法国哥特教堂具有以下基本特点。第一,中厅的高度显著增加。由于对尖拱认识的进一步深入和飞扶壁技术的日趋成熟,使得工匠们可以放心地建造高耸的中厅,而不用担心有倒塌的危险,沙特尔大教堂的中厅高度达 36.5 米,超过以往任何一座教堂的高度,在罗马风时期就已出现的向上发展的新空间感受得到极大增强。第二,由于尖拱和飞扶壁技术的日趋成熟,使得以往为平衡中厅拱顶侧推力而增设的二层侧廊失去作用,多层飞扶壁可以直接从一层侧廊屋顶“飞”架至中厅侧墙用以平衡侧推力,从而使中厅最上面一层的窗子可以开得更大,更有利于室内采光和取得理想的装饰效果(沙特尔大教堂的彩绘玻璃窗被公认为最杰出的中世纪彩绘玻璃艺术品,其 176 面窗子总面积达 2500 平方米)。第三,尖拱的应用使结构顶部在保持交叉肋骨曲率的情况下,可以使拱顶沿纵向平滑相连,于是构造复杂且形象不统一的六分肋骨拱就显得没有必要了,从而可以采用更简洁的四分肋骨拱。由此可见拱顶的发展历程,从最初的四分交叉拱到六分拱,再回到四分拱,似乎又回到了起点,实际上却是技术上获得极大进步后,人们对拱顶的认识有了极大的提高,从而形成拱顶技术螺旋式的上升过程。第四,在没有应用尖拱之前,交叉肋骨拱的平面一般必须为正方形,否则纵横两个圆筒的交线就会由于圆筒半径的不同而呈现蛇状扭曲,而应用尖拱之后,不但中央部位不会向上隆起,而且交叉尖拱所覆盖的平面也可以是长方形,于是纵向开间可以大大缩短,这不仅使柱子的承载减轻、截面缩小,考虑到二层侧廊的撤销,原来设在大柱子间用于空间划分和支撑二层侧廊的小柱子也可以撤销,于是整个中厅中柱子的样式又可以回复统一的形象,使罗马风时期被中断的向祭坛方向的连续运动聚焦趋势得以重现。

图 7-7 沙特尔圣母大教堂(见彩图 15)

沙特尔大教堂的平面也很有新意,全长约 130 米的中厅两侧各只有一条侧廊,而歌坛部分却由两条侧廊环绕,使歌坛部分在整个平面中所占的比重进一步增大。沙特尔大教堂的立面双塔呈尖顶形式,由于建造年代的不同,两座塔呈现出不同的风格,其中,南钟塔是在 1194 年火灾中幸存下来的,依然保持罗马风特征,其塔尖完成于 1175 年,高约 107 米,较为简洁;而高约 116 米的北塔尖最后完成于 1513 年,这时的法国哥特建筑已进入最后阶段,装饰异常繁杂,大量使用火焰式的花格窗,所以又被称为“火焰风格”。

7.2.2 亚眠圣母大教堂(Amiens Cathedral)

于1220年开工的亚眠圣母大教堂(见图7-8)有“哥特建筑的帕提农”之美称，是哥特建筑极盛时代的经典之作。它的立面构成与巴黎圣母院大体相似，在高大玫瑰窗下是22位国王的雕像带，三座大拱门上雕刻着圣经故事，因而有“亚眠圣经”之称。两座塔楼高65～66米，由于建设时间不同而呈现一定差异，这可能是整个建筑中唯一的遗憾。

亚眠圣母大教堂的内部(见图7-9)继承了沙特尔大教堂的特点，其中厅长度达145米，高度达43米。像中世纪其他许多大教堂一样，它的中厅地面上铺设着迷宫般的地板，名为苦路曲径，黑白图案象征善恶交锋，当年信徒们须跪爬其中，在善恶交织的迷雾中寻求通向天堂的道路。其西立面玫瑰窗和彩绘镶嵌玻璃画也是哥特建筑中少有的佳作，法国史学家和文艺理论家丹纳形容道：“从彩色玻璃中透入的光线变成血红的颜色，变成紫石英与黄玉的华彩，成为一团珠光宝气的神秘的火焰，奇异的照明，好像开向天国的窗户。”

图7-8 亚眠圣母大教堂

图7-9 亚眠圣母大教堂内部

7.2.3 博韦大教堂(Cathedral of Beauvais)

博韦大教堂是哥特时期法国人探索教堂中厅高度极限的最后一座伟大建筑。它的中厅高度达到了48米，在古代堪称举世无双。工匠们试图用最细的支柱支起最大的高度，1272年歌坛部分基本建成，但这个高度超出了细小的支柱所能承受的极限，1284年整个结构被压垮了。经过长时间努力，工匠们在将拱顶改为六分拱以减小开间跨度和增加立柱后，于1324年又一次恢复了歌坛上部的拱顶(见图7-10)。同以往的教堂相比，博韦大教堂的墙面面积无疑是最小的，这种做法属于下面将介绍的“辐射式风格”。从图中我们还可依稀看出原先的开间布局，在缺乏现代化技术和施工手段的年代里，这无疑是工匠们凭着勇气和信念,用一小块一小块的石头建造出的人间奇迹!

由于这次事故,直到 1569 年才完成大教堂的横厅部分,之后工匠们又试图在交叉部位建筑一座高 153 米的巨塔,后因柱子不堪重负而崩毁,此后再未重建,因而导致了今天博韦大教堂残缺的外观(见图 7-11)。

图 7-10 博韦大教堂歌坛上部

图 7-11 博韦大教堂外观

7.3 德国科隆大教堂(Cologne Cathedral)

于 1248 年开工建造的科隆大教堂(见图 7-12)是德国最杰出的哥特式建筑。

科隆大教堂的西立面与斯特拉斯堡大教堂一样都具有强烈的向上运动感,两座高达 157 米的尖塔如同一双蓄势待发的火箭。立面上的各个构件雕刻砌造都极尽精巧,凌空发力的飞扶壁,高耸入云的尖塔,而这些都是由石头砌筑,如此举重若轻的杰作,工匠们的卓越技艺只能用"鬼斧神工"来形容。

大教堂的平面与法国大教堂相似,中厅与歌坛部分两侧都有两条侧廊。135 米长的中厅高度达 46 米,与博韦大教堂几乎相等。壁画的做法也采用辐射式,在光亮的侧窗映衬下,削长的束柱由地面直达起拱处,显得峻峭清冷。

由于建造工程艰巨复杂,宗教改革运动爆发等原因,科隆大教堂的建造在 16 世纪上半叶中断。1842 年,在发现原设计图纸后工程得以继续进行,西端的一对钟塔于 1880 年按原设计最终建成。

图 7-12 德国科隆大教堂

7.4 意大利米兰大教堂(Cathedral of Milan)

意大利米兰大教堂于1386年开始兴建，是非常接近法国哥特风格的意大利建筑之一(见图7-13)，米兰大教堂规模宏大，其内部总长达157米，总宽达59米，中厅两个侧廊，中厅宽20米，高45米，略小于法国博韦大教堂和德国科隆大教堂，左右侧廊的高度达到37.5米，比巴黎圣母院的中厅还要高4.5米。

图7-13 米兰大教堂林立的尖塔

同许多著名的大教堂一样，米兰大教堂的建造也持续了很长时间，尤其是大教堂的外立面，直到1809年才最终完成。同意大利罗马风建筑一样，米兰大教堂的西立面没有高耸的塔楼，但整个外表装饰华丽，镂空的三角楣和尖塔如同燃烧的火焰一般直指苍穹，是火焰风格的杰出表现。这种风格在歌坛部分的表现最为精彩，每一扇窗子都由12道尖拱组成，其上雕刻着精美的装饰图案，歌坛下是安置圣物和名人灵寝的地下室。

小　结

4—9世纪欧洲形成的早期基督教建筑风格是过渡阶段，且遗存极少；9—12世纪产生的罗马风建筑取得了很大发展,以教堂和修道院为建筑活动的中心。它创造了肋骨拱的结构体系,为哥特教堂的建筑成就奠定了基础。

12 世纪从法国开始的哥特建筑艺术是整个中世纪最突出的建筑风格,哥特建筑谱写了人类建筑史上最光辉灿烂的篇章,对后世有很大影响。哥特建筑的艺术成就主要体现在哥特教堂上。哥特教堂体现了建筑技术与艺术的完美统一,突破了古典建筑的局限性,并继承了古希腊、古罗马建筑的精髓,将理性与神性、科学与信仰巧妙地结合起来,创造了感人至深的建筑空间,慰藉了中世纪无数人的心灵。它最典型的特征是结构上采用尖券和肋骨拱顶的类似框架体系,运用飞扶壁、束柱、玫瑰窗、花窗棂、尖塔、透视门等造型语汇,形成了瘦骨嶙峋、玲珑剔透的外观,给人以向上升腾与超尘脱俗的幻觉。哥特建筑艺术在很短时间内传遍欧洲,甚至 19 世纪在英国还出现了哥特风格的复兴。

思 考 题

1. 简述哥特建筑的艺术成就。
2. 简述哥特建筑的发展阶段及影响。
3. 谈谈你对哥特教堂“神性的浪漫”的理解。
4. 简述巴黎圣母院大教堂的象征意义。

8 意大利文艺复兴建筑艺术

“文艺复兴”(Renaissance)的原意是重生，人们通常用这个词来描述14世纪至16世纪之间，源于意大利的一场通过重新认识古典文化，挣脱宗教对人类精神的桎梏，引导人们迈入人类文明新纪元的波澜壮阔的运动。艺术家们从神学中解放出来，开始如痴如醉地学习和研究那些久已被他们淡忘的古希腊、罗马时代的文化和艺术，并重新发现了古代建筑和艺术品中所蕴含的美的真谛，同时创作了丰富的建筑理论和一批优美的建筑作品。

8.1 佛罗伦萨大教堂(Cathedral of Florence)

佛罗伦萨是11世纪以后兴起的意大利四百多个分裂的城市共和国之一，14世纪时，它已发展成为意大利甚至全欧洲最大和工商业最发达的城市。从14世纪到16世纪，一大批杰出的人物在这里诞生和生活，其中包括伟大的诗人但丁，作家薄伽丘，科学家伽利略，政治家马基雅维里，艺术家乔托、多纳太罗、达·芬奇和米开朗基罗等，他们是意大利文艺复兴运动强有力的推动者。在他们当中，还有一位伟大的建筑家——伯鲁乃列斯基。1420年，在佛罗伦萨当局举办的面向全欧的征集主教堂穹顶设计方案的竞赛中，他以一个近一千年来从未有过的极具古典美学特征的方案一举中标，从而掀开了意大利文艺复兴运动的序幕。

图8-1 佛罗伦萨大教堂(见彩图16)

早在1294年，佛罗伦萨人就决定建造一座新的大教堂以取代旧教堂。迪·坎比奥设计了最初的方案，其横厅的两端也做成半圆形，呈现三叶式构造。在随后的建造过程中，为了能在规模上超过本地区其他城市如锡耶纳和比萨的大教堂，大教堂的建筑规模被大大扩展，成为一座内部总长约160米、宽43米、横臂宽90米的古代基督教世界屈指可数的大教堂之一(见图8-1)。教堂的中厅是典型的意大利式哥特做法，如用楼座划分的双层立面以及中央隆起的四分肋骨拱等做法都可以从佛罗伦萨的新圣马利亚教堂等建筑中看到。问题出现在拉丁十字交叉部，按照新的方案，中央交叉部的穹顶跨度将达到42.2米，这是一个自从古罗马万神庙以来从未有过的巨大跨度。由于其下已造好的墙身高度已超过了50米，而万神庙只有其一半；墙身的厚度却只有4.9米，而万神庙为6.2米，其技术难度之大前所未有。再加上古罗马时期的混凝土技术早已失传，而后来常用的木构穹顶方式也由于跨度过大而找不到合适的木材，佛罗伦萨大教堂的穹顶面临不得不被放弃的尴尬处境,工程也被一再拖延。

1404年左右,伯鲁乃列斯基开始研究这个问题。他前往罗马,仔仔细细地考察和研究古罗马穹顶构造技术。他的研究对象不仅是万神庙,也包括其他各种类型的,哪怕是已经破败不堪的古代建筑。经过长时期的探索和模型试验,在1420年他终于获得市政当局授权,开始建造这座大穹顶。他亲自参加了整个施工过程,1434年,穹顶的主体部分终于完成。

伯鲁乃列斯基最初曾设想将穹顶设计成如同万神庙一样的完美的半球形,但后来他认识到这是难以实现的,因为已经造好的鼓座既高又薄,难以承受穹顶的侧推力。因此,他汲取了哥特建筑的经验,将24道支撑拱肋采用了尖拱的形式,以期减小侧推力;并且,在穹面上创造性地采用了双层结构,减少结构自重,以进一步降低侧推力。值得一提的是,建造如此巨大的穹顶他并没有搭建巨大的模架,脚手架也搭得十分简洁,这正是他向古罗马万神庙建造者"学习"的成果。

穹顶建成后,它的内部高度达到91米,按照伯鲁乃列斯基的原设计,穹顶内是不作装饰的,但一百多年后人们又在内部画上了壁画,破坏了原有的朴素洁净的面貌。1436年,伯鲁乃列斯基又设计了位于顶端的采光亭。采光亭的作用一是采光,二是用其重量稳定相互倚靠的穹顶结构。1461年,采光亭顶上的镀金圆球安装完成,最后的高度为107米。但伯鲁乃列斯基没有能够看到这最后一幕,他已于1446年去世了,他的墓室就设在大教堂的地下室中。

佛罗伦萨大教堂的穹顶以其高大雄伟、轮廓分明的外形,突出体现了其与古代神秘的教堂氛围是完全不同的。同时,它作为罗马帝国灭亡以后意大利人第一次建造起的巨型穹隆结构,极大唤起了意大利人对本国悠久历史和古老文化的自豪感。因此,从开始建造的那一天起,佛罗伦萨大教堂就注定会成为意大利新时代的宣言书。

8.2 罗马的圣彼得坦比哀多(Tempietto of San Pietro)

1499年,将近56岁的伯拉孟特来到了罗马,同时也将文艺复兴盛期无与伦比的荣耀赋予了这座有着两千多年灿烂文明的伟大城市。

伯拉孟特在罗马的第一件重要作品是蒙托里奥圣彼得修道院内院中的圣彼得坦比哀多(见图8-2),或称圣彼得庙。圣彼得是耶稣的十二门徒之首,据说他就是在蒙托里奥被钉死在十字架上的。1502年,为了纪念圣彼得,伯拉孟特以集中式的古典神庙为参考设计了这座纪念碑。纪念碑的主体部分是一个立在高耸的鼓座之上的穹顶,下半部由16根多立克柱组成的柱廊环绕。伯拉孟特十分注重表现建筑物的雕刻感和体积感,整体形象十分饱满有力。从立面上看,鼓座和柱廊的外轮廓正好构成两个呈直角放置的边长比为0.618的矩形,即黄金分割矩形,这种比例关系从古希腊到文艺复兴时期,直到当代始终为艺术家和建筑师所喜爱。这种通过将建筑物各个局部使用同一比例处理的办法,可以使建筑构图中的各要素具有视觉统一性,并使空间充满秩序感。

图8-2 圣彼得坦比哀多

这座建筑奠定了文艺复兴盛期建筑艺术的基础，受到广泛的好评，成为后世包括罗马圣彼得大教堂、伦敦圣保罗大教堂、巴黎先贤祠和华盛顿国会大厦等一系列著名建筑的楷模。帕拉第奥曾高度评价这座建筑和它的设计者伯拉孟特，他说："伯拉孟特是将久被尘封的建筑的优雅与美丽带给这个世界的第一人。"

8.3 罗马的圣彼得大教堂(Basilica Sancti Petri)

意大利文艺复兴时期的巅峰之作是罗马的圣彼得大教堂，它代表了16世纪意大利建筑、结构和施工的最高成就。在长达一百多年的时间里，包括伯拉孟特、拉斐尔、佩鲁齐、小桑迦洛和米开朗基罗等，一代又一代罗马最优秀的建筑师和艺术家为之倾尽了毕生的智慧和汗水。

老圣彼得大教堂(见图8-3)是在罗马帝国后期建造的，这里埋葬着圣彼得和147位教皇的灵柩，包括查理大帝在内的许多皇帝均在此接受教皇的册封。然而，到15世纪时，这座千年老教堂已经严重破损。为了重塑教会权威，1452年，教皇尼古拉五世接受阿尔伯蒂的建议，准备对其进行修复和扩建，但不久尼古拉五世就去世了，工程因而停止。1453年，君士坦丁堡落入伊斯兰教土耳其人之手，基督教的圣索菲亚大教堂被土耳其人改为清真寺，这件事极大地刺激了基督教世界。1505年，教皇尤利乌斯二世终于下决心重建圣彼得大教堂，伯拉孟特被任命为工程总监。

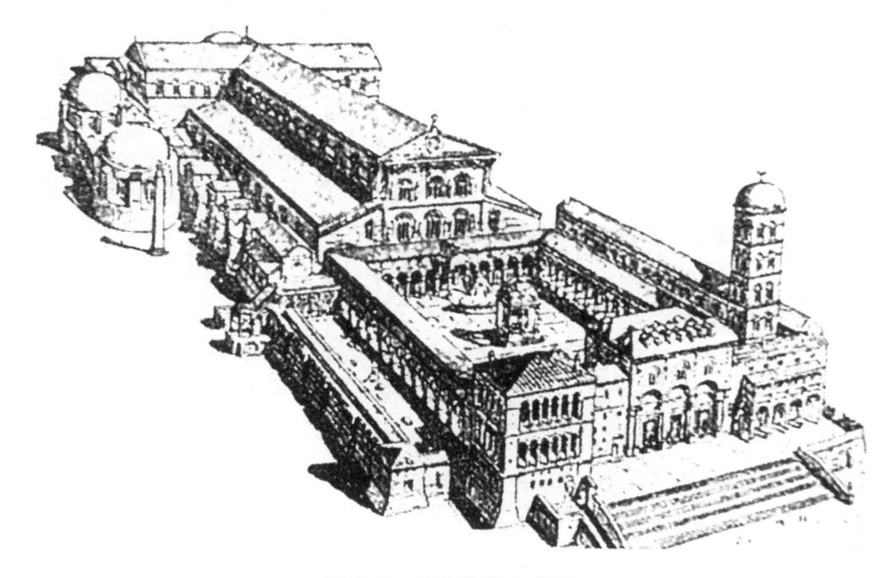

图8-3 老圣彼得大教堂

伯拉孟特立志要建造一座罗马最宏伟的建筑，他的设计方案采用最具有纪念性的希腊十字集中式形制。他宣称："我要把万神庙高举起来架到君士坦丁巴西利卡的拱顶上去。"在君士坦丁堡和圣索菲亚大教堂永久地落入异教徒之手后，这一想法具有十分重要的象征意义。在伯拉孟特的方案中，位于十字中央的是一个由四座大柱墩支撑的宏大的穹顶；长长的四臂尽端是半圆形凹室；相邻两臂之间十字式构图以较小的尺度重复出现，十字中央也有一个小穹顶；四个角上是较小的方塔；从立面看，四个立面完全相同,中央穹顶位于高耸于柱廊的鼓座之上。这个方案与达·芬奇的构想有相近之处,代表了文艺复兴时期的建筑师对集中式构图的理想形态。1513 年,尤利乌斯二世去世,次年伯拉孟特也去世了,这项宏大的工程由此进入了一个漫长而曲折的修建过程。

美第奇家族出身的继任教皇利奥十世委托拉斐尔接手这项工程。由于伯拉孟特的方案主要侧重于纪念性,很多具体的使用问题没有得到充分考虑,如在什么位置容纳成千上万的信徒等。因此拉斐尔改变了伯拉孟特的方案,在中央穹顶的东侧设计了一座约 120 米长的巴西利卡。这样一来,伯拉孟特方案中双向对称的完美形式将被打破,中央穹顶对教堂的统领地位也将不复存在,教堂面貌又回到了中世纪的老路上去。

拉斐尔的这个改动还未来得及实现,1517 年德国爆发了由马丁·路德领导的宗教改革运动,它的导火线是利奥十世领导的罗马教会用出售所谓“赎罪券”的方式来筹集建造圣彼得大教堂的巨额费用。这场运动得到了不少对教皇权力不满的德意志诸侯的支持,并在许多地方形成了脱离罗马教皇控制的新教,天主教会被迫将全部注意力转向同新教的斗争中。1527 年,在同法国争夺对意大利控制权的战争中,查理五世率领西班牙军队占领了罗马。这些重大事件的发生使圣彼得大教堂的建设工程完全停顿,而拉斐尔也于 1520 年去世了。

1534 年,佩鲁齐继任工程总监,他试图恢复伯拉孟特的集中构图方案,但 1536 年他的去世又使这一计划落空。

1536 年,教皇保罗三世委托小桑迦洛为圣彼得大教堂工程新任主持。他试图在伯拉孟特和拉斐尔两个方案之间寻求折中的解决方案,于是他尽量保留了伯拉孟特方案中教堂西部的主要形式,并改进了其中的一些不足之处,如增大了支撑穹顶的四座大柱墩的厚度,使巨大的穹顶能被稳定支撑。在教堂东部,他以一个较小的希腊十字空间取代了巴西利卡,这样既满足使用要求,又不失集中式的纪念内涵。他还精心制作了一座巨大的木模型以表明设计意图。但从模型上看,这个方案的气势和尺度感仍达不到应有的效果,西立面两端的塔楼也破坏了穹顶在构图上的统领地位。直到 1546 年小桑迦洛去世时,这个方案还没有取得重大进展。

1546 年,72 岁的米开朗基罗受教皇保罗三世之命成为新的工程总监。他抱着“要使古希腊和古罗马黯然失色”的雄心壮志,将他生命中最后的 18 年全部投入了这一伟大的工程。米开朗基罗完全不赞成小桑迦洛对伯拉孟特集中式构图的拉丁十字式篡改,他对伯拉孟特方案作了必要的调整,取消了设在四角的小塔以使中央穹顶更加突出;他也改变了四个立面完全相同的做法,在东立面外设计了一个九开间的柱廊作为入口标志。在穹顶设计上,他认真研究了伯拉孟特的意图,吸收了佛罗伦萨大教堂穹顶的建设经验,并加以创新。穹顶采用半圆球的形式,分为内外两层,十条肋骨由石块砌筑,其余则用砖砌,顶部是采光塔。尽管米开朗基罗不断努力推进工程进度,但到 1564 年他逝世时,工程只完成到穹顶的鼓座部分。后任的工程负责人波尔塔和封塔那仍基本遵照米开朗基罗的意图于 1590 年左右完成了穹顶建造。

这个穹顶虽然算不上空前绝后,但绝对是一个了不起的大穹顶,它的内径达到 41.9 米,非常接近万神庙,而内部顶点的高度竟达 123.4 米,连顶端十字架则为 137.8 米,几乎是万神庙的三倍;与它相通的四个拱臂宽达 27.5 米(见图 8-4),超过了君士坦丁巴西利卡的拱顶。可以说伯拉孟特和米开朗基罗的宏愿得到了完全实现,古代的辉煌成就已经被彻底超越,欧洲历史掀开了崭新的一页(见图 8-5)。

大教堂的细部也基本遵照米开朗基罗独特的雕塑式风格，鼓座上凸出的双柱更是手法主义的典范。

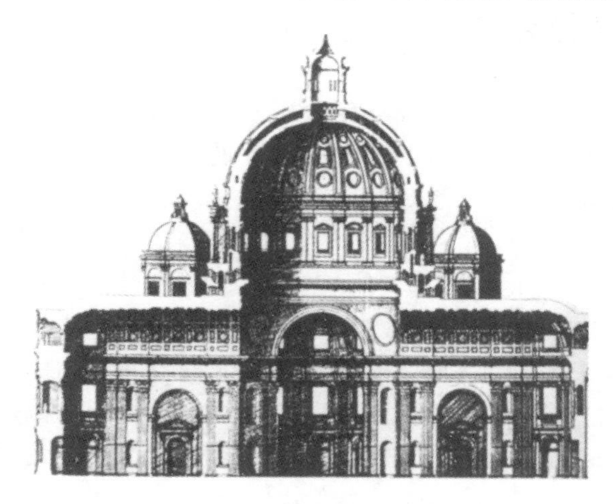

图 8-4　圣彼得教堂立面

图 8-5　圣彼得教堂

8.4　圆厅别墅(Villa Rotonda)

1550 年建造的维琴察的圆厅别墅(见图 8-6)是伯拉第奥最著名的代表作之一。伯拉第奥将用于教堂的希腊十字形集中式平面布局运用到了宫殿府邸中，建筑的中心部分是一座圆形大厅，上方是带鼓座的穹顶，四个立面几乎完全相同，都有一座前设六根柱子的门廊。这种完美的集中式构图成为后世众多建筑师效仿的对象。

图 8-6　圆厅别墅

8.5 巴洛克(Baroque)风格的圣彼得教堂中厅和立面

"巴洛克"一词是特指16世纪始于意大利的一种相对传统风格而言具有明显反叛意味的建筑风格,其原意是"畸形的珍珠"。19世纪新古典主义盛行的时候,人们用这个词来贬低17世纪中被认为是无节制的和低俗的建筑与艺术形式。当然,时过境迁,就像"哥特"这个词早已失去贬义用法一样,"巴洛克"也早已成为一个时代的象征,受到许多人的欢迎。

自从米开朗基罗在佛罗伦萨的劳仑齐阿纳图书馆和罗马的圣彼得大教堂穹顶中打破常规地使用了手法主义,以及维尼奥拉在罗马的耶稣会教堂、圣安德烈教堂和圣安娜教堂中创造性引入新的平面和立面语言之后,新一代的艺术家和建筑师继承了前辈们富于创新和进取的精神,完全打破了在规则、秩序、基本几何关系和稳定性等方面的传统理念的束缚。他们中的代表人物伯尔尼尼宣称:"一个不偶尔破坏规则的人,就永远不能超越它",另一位大建筑师古亚力尼则说:"建筑应该修正古代的规则并创造新的规则",他们完全从对古典主义者的俯首听命中解脱出来,从而创造出一个伟大的但也广受争议的历史时期。

这一时期意大利的政治形势也发生了变化,人本主义思想和宗教改革运动都促使罗马天主教会努力加强对仍信奉天主教地区的控制,在这种形势下,巴洛克艺术的出现恰好适应了天主教会的需求。它一反文艺复兴阳春白雪的风格特点,强烈对比而壮观的空间造型向人们传达着这样一种信息:"权力属于我,人们必须崇拜我、畏惧我、尊重我",从而有力地激发信徒的虔诚与奉献精神,达到使其为天主教信仰和教皇权威服务的目的。

马德尔诺是最早尝试巴洛克式建筑的建筑师,也是最受争议和批判的人物。1607年,他受教皇保罗五世的委托对已基本完工的圣彼得大教堂进行改造。由于当时反宗教改革运动浪潮的兴起,保罗五世要求教堂的使用必须满足天主教队列仪式以及要容纳不少于从前的信徒人数的要求,于是马德尔诺拆除了已部分完工的由米开朗基罗设计的立面,在前面增加了一段约60米的三跨巴西利卡大厅(见图8-7),使大教堂可以容纳的人数高达六万人,成为基督教世界首屈一指的宏伟建筑。马德尔诺还在大厅之前建了一座高51米的宏大的门廊,它一反意大利传统形式,完全无视内部大厅构造特征,确立了巴洛克时期独立式教堂大门新形象。它那贯穿上下两层、高27.6米的巨型圆壁柱使壁面的凹凸感十分强烈(见图8-8),是巴洛克形式的经典之作。但正是这段巴西利卡大万和这座宏伟壮丽的巨大门廊使马德尔诺受到了历代建筑史学家最严厉的口诛笔伐,因为不论在内、在外,人们瞻仰那个伟大穹顶的视线都受到了无情的阻挡。法国大画家马蒂斯(H. Matisse,1869—1954)认为它看起来就像个火车站,另一位法国大建筑家柯布西耶则在文章中痛心疾首地写道:"米开朗基罗用石头造这样一个穹顶,是一件了不起的壮举,没有什么人敢冒这个险。……这方案总体统一,它把各种最美的、最丰富的元素组织在一起:门廊、圆柱体、方柱体、鼓座、穹顶。……整个是单体地、集中地、完整地屹立起来。眼睛一下子就把它抓住。米开朗基罗完成了圣坛和穹顶的鼓座。后来其余部分落到野蛮人的手里,一切都毁了。人类失去了智慧的伟大作品之一。……立面本身是美的,但跟穹顶没有关系。这类建筑物的真正目的是穹顶,但它被挡住了。穹顶跟圣坛的关系极好,但被挡住了。……卑鄙无耻的人们把圣彼得大教堂杀害了,里里外外;现在的圣彼得大教堂傻得像一个腰缠万贯而厚颜放荡的红衣主教,没有一切。极大的损失,痛心的失败!"

图 8-7 圣彼得大教堂中厅

图 8-8 圣彼得大教堂外观

小　结

发源于意大利的文艺复兴是15—17世纪欧洲资产阶级在文学、艺术、科学和哲学等领域开展的一场革命。意大利的文艺复兴建筑最明显的特征是抛弃中世纪哥特建筑风格,创造了以古典建筑形式为基础的,明朗开阔的建筑风格,其晚期风格则趋向于巴洛克主义。文艺复兴时期的建筑师在研究古希腊、古罗马建筑的基础上,主张在教堂及世俗建筑上重新采用古典柱式,因为古希腊、古罗马建筑及其柱式体现着和谐和理性,并与人体美有相通之处,这些正符合当时提倡的人文主义思想。

思考题

1. 简述佛罗伦萨大教堂的艺术特征。
2. 简述罗马圣彼得大教堂在哪些方面超越了古代建筑的辉煌。
3. 试分析文艺复兴建筑运动对古典建筑传统的运用和创新。

9　法国古典主义建筑艺术

17世纪，与意大利晚期文艺复兴风格、巴洛克风格并进的还有法国古典主义建筑风格。法国从16世纪起致力于国家的统一，在建筑风格上逐渐脱离传统的哥特式而走向文艺复兴风格。到了17世纪中叶，法国成为欧洲最强大的中央集权国家。国王路易十四为了巩固封建君主专制，竭力标榜绝对君权与理性主义，把君主制说成是“普遍与永恒的理性”的体现，并在宫廷中提倡象征中央集权的古典文化。

法国古典主义推崇古希腊、古罗马时期的人体美与尺度。当时著名的古典主义建筑理论家布隆代尔说：“美产生于度量与比例。”他认为意大利文艺复兴时期的建筑师通过研究古希腊、古罗马遗迹而得出的建筑法式，是永恒的金科玉律。因此，法国古典主义盛期已不太注重地方风格，而主要是遵循古典法式。在总体布局与建筑平面、建筑立面构图上，法国古典主义都极力强调轴线对称，分清主从关系，突出中心和采用规则的几何形体；立面造型强调统一与稳定，通常采用纵横各三段的构图手法，象征平稳而安定。强调外形的端庄与雄伟，借以显示君权的至高无上；内部装修和陈设极尽奢侈与豪华，在空间处理上，则具备了巴洛克艺术的一些特征。

9.1　古典主义建筑

9.1.1　枫丹白露宫(Palais de Fontainebleau)

1528年，弗朗西斯一世将王宫迁回巴黎，并着手在巴黎及其附近建造一系列重要的宫殿建筑。位于巴黎东南约50千米的枫丹白露宫(见图9-1)就是其中之一，它原来也是一处王室猎庄，弗朗西斯一世非常喜爱这里，遂于1530年委托建筑师勒·布雷东(Le Breton)建造了这座由一望无际的森林围抱着的哥特-文艺复兴式宫殿。宫殿中最有名的是被称为“弗朗西斯一世廊”的一条长廊，长64米、宽6米、高6米。长廊的壁面和天花板均用胡桃木做成，精美的壁画画框由高浮雕形式的塑像加以精心装饰，极具典雅高贵的气息。这种被称为“枫丹白露画派”的室内装饰风格很快风靡法国，成为这个时期最时髦的艺术形式之一。

9.1.2　巴黎的卢浮宫(Palais du Louvre)

巴黎卢浮宫是如今世界上最大、最重要的博物馆之一，收藏有包括《维纳斯》(约作于公元前2世纪)和《蒙娜丽莎》在内的无数艺术珍品。

卢浮宫是法国历史上最悠久的王宫(见图9-2)，原为一座90米见方的四合院，历来都有增补，至18世纪形成现有规模。这里称它为古典主义的代表作，主要是指由彼洛(Claude Perrault)和勒伯亨(Charles Lebrun)设计的东廊(见图9-3)。此廊长183米，高28米，采用横三段、纵三段的构图手法。基座结实敦厚，中层为虚实相映的古典柱廊，顶部为水平厚檐，这三段在立面上的高度比为2∶3∶1；平面

图 9-1 枫丹白露宫

图 9-2 卢浮宫朝向庭院的立面

图 9-3 卢浮宫东廊

构图上分为五个部分:主入口及两端附体均采用凯旋门式的构图;中部的拱门部分增添三角形山花将水平檐口打破,突出了主入口的重要性,也为流线加强了导向;柱廊采用双柱式。卢浮宫东廊造型端庄雄伟,轮廓秩序井然,被认为是理性美的代表,后广为欧洲各国模仿。卢浮宫四合院外的西立面属于巴洛克风格,有明显的水平向划分,每隔数开间便有一竖向构图,上部为半圆形山花,正中部分较宽,三角形山花上还有穹隆,装饰华丽。

9.2 洛可可风格建筑

洛可可原意为岩石与贝壳,是小巧玲珑之意,洛可可风格是17世纪至18世纪在法国宫廷和贵族沙龙中盛行的一种室内装饰风格(见图9-4)。洛可可艺术家们不喜欢严谨的古典主义表现手法,也不喜欢在室内营造变化剧烈的体积感,他们怀着对大自然的热爱之情,从正在迅速发展的植物学和动物学中汲取营养,着意营造出柔美、轻盈的装饰效果。

图9-4 洛可可宫殿内部(见彩图17)

然而,洛可可艺术在法国流行的时间并不长,大约在1750年之后,又逐渐被严谨平和的古典主义风格所取代。

9.2.1 凡尔赛宫(Palais de Versailles)

路易十四时代最伟大的建筑毫无疑问当属凡尔赛宫(见图9-5)。凡尔赛位于巴黎西南17千米处,这里森林茂密，很早就成为法国国王的狩猎地，1624 年，路易十四的父亲路易十三曾在此建有三合院式的猎庄。自 1661 年起，路易十四举全国之力要在此建造一座欧洲最宏伟的宫殿建筑，并在 1682 年强迫几乎所有王公贵族一同从巴黎迁居于此，以便他更有效地进行集权统治。这项工程前后延续了一百多年，建筑师勒・沃(L. Le Vau，1612—1670)、芒萨尔(J. H. Mansart，1646—1708)和加布里埃尔(J. A. Gabriel，1698—1782)先后成为本工程的负责人。

图 9-5　凡尔赛宫

工程最初是在原有的三合院基础上进行扩建的，在旧三合院的南、西、北三面外侧各建一圈新建筑，两臂向东延伸，院子由西向东逐级扩大。1678 年后，宫殿继续向南北两个方向扩展，最后形成一座总长超过 400 米的空前宏大的建筑体。路易十四就居住在正中央，此地较南北两翼向西突出约 90 米，形成绝对的中轴线。它的立面也是以柱式为核心的法国古典式构图，与卢浮宫东廊一样采用缓坡顶，隐藏在顶部栏杆之后。

中央部分共有 25 个开间，其中二层中间 19 个开间内部连为一体，形成一座长 76 米、宽 10.5 米、高 12.3 米的大厅，西侧开有 17 扇落地拱形窗，东侧则对应以 17 面假窗形大镜子，二者相映生辉，大厅也因此得名“镜厅”。镜厅的装修由画家勒・勃仑负责，极尽奢华，到处是镀金的装饰，家具陈设全部采用银制，拱顶装饰着九幅歌颂国王的功绩画，24 盏波希米亚水晶吊灯至今仍闪烁着炫目的光芒。这间镜厅当时是国王的起居室，对所有人开放，从招待使节的宴会到豪华婚礼的舞厅，从尊贵的王公贵族到牵着奶牛的普通百姓，这里每天都有络绎不绝的人群。当时一位威尼斯驻法国的大使在送回本国的报告中写道：“在凡尔赛宫的长廊里燃烧着几千支蜡烛。它们照耀在壁上满布的镜子里，照耀在贵妇和骑士们的钻石上，照得比白天还亮，简直像是在梦里，简直像是在魔法的王国里。美在庄严的气氛里闪闪发光。”即使在波旁王朝被推翻以后，这里仍然是许多重大事件的见证地：1871 年，普法战争的胜利者普鲁士国王威廉一世在此宣告德意志帝国成立；1919 年，标志第一次世界大战结束的凡尔赛和约也在此订立。

镜厅中央东侧的一扇大门直通路易十四的卧室(见图 9-6),这里依然保持着路易十四当年的原状,一切都是金的,木栏杆是镀金的,浮雕线脚是镀金的,床罩窗帘是用金丝银线绣成的。在路易十四绝对君权主义时代,全法国的显贵们几乎每一天都要在这里上演一场国王穿衣的好戏。

图 9-6 镜廊长窗外望及室内布置

镜厅的北端是战争厅,东墙正中镶嵌着路易十四的骑马浮雕像。由战争厅向东有一系列相连的王室起居空间。

镜厅的南端是和平厅,东墙正中镶嵌着《和平缔造者路易十五》的油画,画面上路易十四的曾孙路易十五将一枝象征和平的橄榄枝递给在希腊神话中象征欧洲的少女欧罗巴。

和平厅的东端与一系列后宫相通,其中,王后卧室也如国王卧室一般金碧辉煌。

在凡尔赛宫长长的北翼楼群南端建有皇家小教堂和皇家歌剧院。皇家小教堂建于 1699—1710 年,由芒萨尔设计,是路易十四时代最后的建筑,纯白的柱廊和华丽的拱顶画体现了法国古典主义的风格。建于 1756 年,由加布里埃尔设计的皇家歌剧院,是凡尔赛宫中最后建成的部分之一,这座华丽的椭圆形剧院是当时法国最大的歌剧院,拥有 1000 个座位,由超过 3000 支蜡烛照亮。

凡尔赛宫总平面大得惊人,总面积超过 15 平方千米。宫后的大花园由法国最伟大的园林艺术家勒·诺特(A. Le Notre,1613—1700)规划设计,采用对称的几何构图,中央东西向主轴长达 3000 米,中间有一条东西长 1650 米、南北长 1000 米、宽 62 米的十字形大水渠,称为大运河。傍晚时,夕阳映照在大运河上,景色十分壮观。中轴线两侧的绿地间散落有 1400 座喷泉(见图 9-7)。这些喷泉如果同时打开,每小时就要消耗约 60 吨水,为此水利工程师们绞尽脑汁,发明了各种各样的引水机器,从周围多条河流引来水源,仍不够使用。困难时,就连国王侍从们的生活用水都不得不只限每人每天一小盆重复使用。

园中还分布有多座重要建筑,如位于十字形大水渠北端的大特里阿农宫,由芒萨尔设计,建于 1687 年。还有其附近的小特里阿农宫,1762—1768 年由加布里埃尔设计,是路易十五为其宠妃彭伯杜尔夫人所建,这是一座有着高贵典雅的帕拉第奥主义气息的小型建筑。附近还有一些具有中国特色的农庄建筑,由路易十六的王后建造于 1783—1785 年,是受"英华园庭"风格影响的产物。

凡尔赛宫是法国绝对君权时期的纪念碑,是欧洲最宏大、最辉煌的宫殿,代表着当时欧洲最强大的国家、最权威的国王和最先进的文化,路易十四有足够的理由为他建造的这座全世界最美的宫殿而自豪。但法国人民却为此付出了极高的代价。为了建筑凡尔赛宫,全国有六年之久不得使用石材,并且全国赋税的 60%都被充作营建费用。在路易十四死后 74 年爆发了法国大革命,从此,这座豪华的宫殿逐渐沦落,甚至有人提议要将其拆毁。

法国古典主义对欧洲建筑有较大的影响,最典型的是英国伦敦的圣保罗大教堂(见图 9-8)。教堂属拉丁十字平面,内部长 141 米,翼部宽 30.8 米,中部穹隆底径 34 米,顶端高 111.5 米,其立面构图使人联想到巴黎的残废军人新教堂,但两旁加了一对尚有哥特遗风的钟塔。圣保罗大教堂的设计者是著名建筑师雷恩(Sir Christopher Wren,1632—1723)。

图 9-7 法国凡尔赛宫水景

图 9-8 圣保罗教堂

小 结

17 世纪与意大利晚期文艺复兴风格、巴洛克风格并进的还有法国古典主义建筑风格。法国古典主义建筑风格推崇古希腊、古罗马时期的人体美与尺度。把古希腊、古罗马时期的建筑法式当作永恒的金科玉律。在总体布局与建筑平面、建筑立面构图上,法国古典主义都极力强调轴线对称,分清主从关系,突出中心和采用规则的几何形体;立面造型强调统一与稳定,通常采用纵横各三段的构图手法,象征平稳而安定。它强调外形的端庄与雄伟,借以显示君权的至高无上;内部装修和陈设则极尽奢侈与豪华之能事,并且在空间处理上,具备巴洛克艺术的不少特征。

思 考 题

1. 简述法国古典主义建筑立面构图手法。
2. 简述洛可可建筑风格。
3. 为什么说凡尔赛宫是法国绝对君权时期的代表作?
4. 简述法国古典主义建筑对欧洲建筑的影响。

10　古代伊斯兰教建筑艺术

“伊斯兰”的意思是顺从上帝的旨意。作为当今拥有超过 8 亿信徒的宗教，伊斯兰教的创始人穆罕默德出生于今沙特阿拉伯的麦加。这个地区是闪米特人的发源地。曾有一批又一批的闪米特人从这里出发，去征服西亚和埃及。大约 40 岁那年，穆罕默德宣称自己被“真主安拉”选为继耶稣之后的先知和使者，真主通过他的口将《古兰经》(本义为“诵读”)逐字逐句地传授出来。在他的努力和影响下，从他身边的亲人和朋友开始，阿拉伯人逐渐接受了他所宣扬的伊斯兰教的信仰，并聚集在他的旗帜下，建立了一个神权政治国家。

穆罕默德为伊斯兰教徒规定了五项必须一生遵守的规则：一是“念功”，即背诵“除真主安拉外，再无神灵；穆罕默德是安拉的先知”；二是“拜功”，即面向麦加礼拜；三是“课功”，即主张慷慨施舍；四是“斋功”，即在斋月中日出到日落时分禁食；五是“朝功”，即在有生之年应尽可能朝觐麦加一次。

10.1　挺拔秀美的清真寺

10.1.1　麦加的天房克尔白(Kobah)

朝觐的对象就是保存在麦加的天房克尔白(见图 10-1)中的一块陨石，它原本是当地阿拉伯部落信仰的圣物，相传天房是由《圣经》中的先知易卜拉欣建造的。穆罕默德继承了这一圣物，并使伊斯兰教扎根于阿拉伯传统习俗之中。如今，每年都有数十万乃至数百万的朝圣者从世界各地来此朝拜，围绕天房走上七圈。

图 10-1　天房克尔白

10.1.2 耶路撒冷的圣石清真寺(The Dome of the Rock in Jerusalem)

公元 687 年,阿拉伯人在耶路撒冷神庙山上一块相传是穆罕默德"登霄"的岩石(伊斯兰教世界神圣的地方之一)上建造了这座著名的圣石清真寺(或称圆顶清真寺,见图 10-2,旁边是公元 70 年被罗马大军摧毁的犹太圣殿西墙"哭墙"遗址)。其平面呈八边形,每边长 20.5 米,中央穹顶直径达 20.6 米、高 35.3 米(见图 10-3)。穹顶下有两重回廊,内外表面都镶贴着精美的大理石、琉璃面砖以及灰粉画。图案化的植物装饰与精致的几何纹样以及书写美观的《古兰经》经文共同构成独具特色的伊斯兰教装饰风格。

图 10-2 圣石清真寺及"哭墙"

10.1.3 大马士革的大清真寺(The Great Mosque of Damascus)

倭马亚王朝首都大马士革的大清真寺(见图 10-4)建于 705—714 年,是早期伊斯兰教世界最有影响的建筑之一。它的形制借用了原址早期基督教堂的巴西利卡式。由于大马士革位于麦加的北方,按规定,穆斯林信徒必须面向麦加朝拜,为尽可能扩大朝拜面,将原来被基督教徒沿纵向使用的巴西利卡横过来使用,因而其内部的连拱廊呈现出与基督教堂不同的横向排列。大殿宽 136 米,进深 37 米,横向用两排柱子将空间分为三个部分,且三部分大小及高度完全一致。中央大厅设在较短的进深方向,较两侧为高,且中部有穹顶覆盖。大殿南墙是一堵实墙,称为齐伯拉墙,它总是朝向麦加方向。齐伯拉墙的中央安放着圣龛(Mihrab),用以进一步标示出麦加的方向。圣龛右侧还有一座供阿訇讲经的讲经坛。大殿的北面是一个三个方向均用两层连拱廊围合的 122.5 米 × 50 米的中庭,中庭中央设有供穆斯林礼拜前净身使用的水池,两侧各有一座圆亭,分别收藏《古兰经》手抄本和一尊古钟。此外,在清真寺的外

图 10-3　圣石清真寺

图 10-4　大马士革的大清真寺

围(见图 10-5)还建有几座宣礼员召唤穆斯林礼拜用的宣礼塔,一座位于庭院北侧中央,两座位于大殿两端。

大马士革大清真寺的形式为其他清真寺建立了样板。

图 10-5 大马士革大清真寺外围

10.1.4 萨马拉的大清真寺(The Great Mosque of Samarra)

公元 836—892 年间,阿拔斯帝国的首都从巴格达迁到了萨马拉。城中所建的大清真寺可能是历史上最大的伊斯兰教清真寺(平面达 238 米×155 米),如今仅存四周的围墙和清真寺的东北面中轴线上一座 50 米高的宣礼塔(见图 10-6)。这座宣礼塔的形式继承了古代巴比伦螺旋形塔庙的做法,形式简洁,雄浑有力。

图 10-6 螺旋形的宣礼塔

10.1.5 科尔多瓦的大清真寺(The Great Mosque of Cordova)

最先形成割据政权的是穆斯林控制下的西班牙。早在阿拔斯帝国建立之初,被阿拔斯王朝推翻的前倭马亚王室成员拉赫曼秘密潜逃至西班牙。公元 756 年,拉赫曼推翻了当地的阿拔斯总督,自称“埃米尔”,建立起西班牙的倭马亚王朝,史称后倭马亚王朝(756—1031)。它的首都科尔多瓦拥有约五十万居民,远远超过当时西欧任何一座城市,与巴格达、君士坦丁堡并称为当时西方世界三大中心。

公元 786 年,拉赫曼为科尔多瓦大清真寺举行了奠基仪式。这是世界上宽大的清真寺大殿之一,在公元 987 年的最后一次扩建后,它的大殿的平面已达到 128 米×114 米。大殿内有 18 列共 856 根柱子,柱头之上重叠两层拱券,上层略小于半圆,下层则呈马蹄形,均由白色石头和红砖交替砌成(见图 10-7)。拱券都通向齐伯拉墙方向,因而视觉上的指向效果较好。圣龛前的拱券更加复杂,花瓣形的拱券重叠若干层,表面有精美的琉璃镶嵌图案,华丽壮观。圣龛上由 8 个肋骨拱交叉支撑美轮美奂的穹顶(见图 10-8),据说其中一些纯金马赛克是由拜占庭皇帝赠送的。在大清真寺中庭的另一侧照例建有宣礼塔,坚固雄伟的方形基座表现了西班牙式宣礼塔的基本风格。

图 10-7 大清真寺拱券

图 10-8 大清真寺圣龛上的穹顶

公元 10 世纪末，后倭马亚王朝也走向衰落，西班牙的穆斯林陷入分裂状态，1235 年，基督徒收复科尔多瓦，但大清真寺仍得以保全了相当一段时间。在西班牙的穆斯林政权彻底结束后，1523 年，基督徒拆除了其中部分柱廊，并将之改建为教堂。

10.2 优美的宫殿与陵墓

10.2.1 格拉纳达的阿尔罕布拉宫(Alhambra)

到 13 世纪时，西班牙穆斯林在格拉纳达附近建立了奈斯尔王朝(Nasrids，1232—1492)，并最终在 1492 年被西班牙基督教所灭。

在格拉纳达，奈斯尔王朝建造了著名的阿尔罕布拉宫，它的名字来自阿拉伯语“qal′at alhamra”，意思是红色城堡。城堡设在地势险要的山坡上，周围是 3500 米长的红石围墙和高低不一的塔楼。城堡的大门在南面，称为审判大门，门的外拱上刻着一只张开的手，传说这座城堡永远不会失陷，除非这只手抓到了内拱上刻着的钥匙。

城堡内部大部分已在 16 世纪时被西班牙国王查理五世重建或改建，留存的部分以两座互相垂直的长方形院子为中心，其中南北朝向的叫石榴院(见图 10-9)，边长 42 米× 23 米；东西朝向的叫狮子院，边长 35 米×20 米。在这两座院子的周围围聚着许多精美的建筑。

石榴院的中央是一长条形水池，两端柱廊内各有一座喷泉，泉水静静地淌入水池，映衬着两端精美的柱廊，显得清新典雅。院子的东侧是浴室，院子北端是大使厅，墙面上满覆着精细的图案。

图 10-9 石榴院(见彩图 18)

妃嫔们居住的狮子院是整个宫殿中最美的一个庭院,之所以这么称呼,是因为在庭院的中央有一座由12只石狮子驮着的喷泉。以这个喷泉为中心,四条水渠呈放射状向四周延伸,一直伸入建筑之内。这四条水渠象征《古兰经》中描述的天国里的四条河:水河、乳河、酒河和蜜河。这是包括伊斯兰教世界在内的整个西方世界最常用的一种园林布局形式。院子长向的两端各有一座亭子,亭子内部装饰华美精致。院子北侧的两姐妹厅是所有房间中最漂亮的一间,它的穹顶由近5000块花式不一而又有规律地组合起来的钟乳拱装饰而成,可谓精美绝伦(见图10-10)。院子的东侧和南侧分别是国王厅和阿本塞拉耶厅,它们的装饰也同样美轮美奂。一位该时代的穆斯林诗人情不禁地赞美道:"即便天上的星星也愿意离开天宫,渴望能在这所宫殿中居住。"

图10-10　狮子院

10.2.2　阿格拉的泰姬·玛哈尔陵(Taj Mahal)

印度莫卧儿王朝最杰出的建筑物是泰姬·玛哈尔陵(见图10-11),建于1632—1643年,是皇帝沙阿·贾汉为他的爱妻蒙泰姬·玛哈尔而建的。沙阿·贾汉调集了全印度乃至整个伊斯兰教世界最好的建筑师和工匠来建造它,以表达对爱妻的哀悼之情。泰姬陵代表了伊斯兰教建筑的最高成就。这座陵园的布局与前几座陵园相比,发生了极大的变化,主体建筑不再位于陵园的中心,近300米见方的陵园整体位于主体建筑的前方,有力地烘托出陵墓建筑的恢弘气势。陵园也由十字形水渠划分为四部分,每部分又再次重复这个划分规则,只是用步行道代替水渠。

墓室建造在陵园正北一座96米见方、5.5米高的白色大理石台基上,四座40.6米高的宣礼塔立在台基四角,将空旷的天空捕捉进陵墓的背景。边长56.7米的墓室也完全由白色大理石建造。四个立面完全一样，都是经典的门廊式构图。位于墓室上方正中央的是一个直径 17.7 米、高 61 米，饱满有力的葱头形穹顶。建筑表面镶嵌着来自世界各地的宝石，如俄罗斯的孔雀石、中亚的钻石和玛瑙、巴格达的紫水晶、斯里兰卡的蓝宝石、阿拉伯的珊瑚以及西藏的翡翠等，并用大片透雕的薄大理石板制作窗子和屏风。在棺床的边沿上，宝石镶制的鲜花正在盛放。没有哪里比这里更接近人们对花园般天国的想象了。

图 10-11 泰姬·玛哈尔陵(见彩图 19)

沙阿·贾汉在建成泰姬·玛哈尔陵后，原计划在亚穆纳河对岸建造一座与之一模一样的建筑作为自己的陵墓，材料则计划选用黑色大理石，两座陵墓间架一座半白半黑的桥用以连接。在印度，白色代表爱情，黑色代表痛苦，沙阿·贾汉要把自己的陵墓建成黑色以表达失去爱人的痛苦之情，但他终究未能如愿。1658 年，沙阿·贾汉的儿子奥朗则布篡位，沙阿·贾汉被囚禁在与泰姬·玛哈尔陵一河之隔的阿格拉堡。九年间他只能每天站在囚室的窗口眺望爱妻的陵墓，直到 1666 年去世。泰姬·玛哈尔陵——这颗“印度的珍珠”静静地伫立在亚穆纳河岸上，成为这对生死相依的恋人唯一的见证。

小　　结

伊斯兰教在世界的分布范围非常大，无论是阿拉伯国家或非阿拉伯国家，都因伊斯兰教的宗教习俗而在文化和建筑上有着共同特点。

伊斯兰教国家的建筑兼收并蓄了东方建筑和西方建筑的成就,并创造了自己的风格。其建筑成就主要体现在清真寺、宫殿及陵墓建筑上。在建筑的造型处理、拱券结构、装饰艺术和图案色彩上均有独到之处,为世界建筑宝库留下了丰富的遗产,并对欧洲和非洲部分地区的建筑产生过一定影响。

思　考　题

1. 绘制泰姬陵立面简图,简述其艺术特征。
2. 绘图示意螺旋形宣礼塔的造型特点。
3. 请介绍一例西班牙的伊斯兰教建筑。

11　中国古代建筑艺术

中国位于亚洲大陆的东部，是一个有着悠久历史的文明古国。祖先为我们留下了众多宝贵的建筑遗产：被称为世界奇观的万里长城、规划严整的都市、风格独特的宫殿、神圣的坛庙、肃穆的陵墓、神秘的寺庙和巍峨的宝塔，以及大量秀丽的园林、朴素的民居。中国古代的建筑活动，就已发现的遗址而言，至少可以上溯到七千年以前。尽管地理、气候、民族等方面的差异使不同区域的建筑各有不同，但经过数千年的创造、发展和融合，我国逐渐形成了以木构架房屋为主、在平面上拓展的院落式布局的独特建筑体系，并一直沿用到近代，并对周围的朝鲜、日本和东南亚地区产生过一定影响。中国古代建筑是一种延续时间最长、从未中断、特征明显而稳定、传播范围甚广、有很强适应能力的建筑体系。纵观中国古代建筑史，尽管可以根据其发展过程将其划分为几个阶段，各阶段中又存在着地域和民族的差异，但透过大量异彩纷呈、各具特色的建筑遗址，仍然可以清楚地看到一些逐步形成、日趋明显的共同特点，以及由建筑性质及类型不同而产生的多种多样的建筑艺术风貌。

11.1　中国古代建筑的发展概况

中国古代建筑活动在七千年有实物可考的发展过程中，大体可分为五个阶段（即新石器时代，夏、商、周，秦、汉至南北朝，隋、唐至宋，元、明、清）。在这五个阶段中，中国古代建筑体系经历了萌芽、初步成型、基本定型、成熟兴盛、持续发展后渐趋衰落的过程。后三个阶段中的汉、唐、明三代是中国历史上较为统一强盛、发展迅速的时期，同样，汉、唐、明三代建筑也成为中国建筑史各阶段中的发展高潮，在建筑规模、建筑技术、建筑艺术上都取得了巨大的成就。

11.1.1　萌芽时期

这一阶段为中华文化的上古时代，即传说中的“三皇”“五帝”时代。这是中国建筑的萌芽时期，已发现的建筑遗址大体可分为以下两大系统。南方潮湿及沼泽地带可能由巢居发展到架空的木构干栏，实例是距今七千年前余姚河姆渡遗址的用榫卯与绑扎结合而建的干栏（见图 11-1）。在黄河中下游，房屋由地穴、半地穴发展成为木骨抹泥、墙上覆盖草泥顶的地上建筑，实例是西安半坡遗址（见图 11-2）和临潼姜寨遗址以大房子为中心的聚落。

11.1.2　“三代”形制

夏、商、周“三代”，包括春秋、战国，约公元前 21 世纪—前 221 年，又称先秦。

夏是古史传说最早的朝代。夏、商、周的中心地区都在黄河中下游，属湿陷性黄土地带。为防止地基湿陷，人们发明了夯土技术，既可消除黄土的湿陷性，又可夯筑高大的台基或墙壁，建造大型建筑（见图 11-3）。夯土施工技术简单，就地取材，是中国古代基本的建筑技术之一，且已沿用至今。

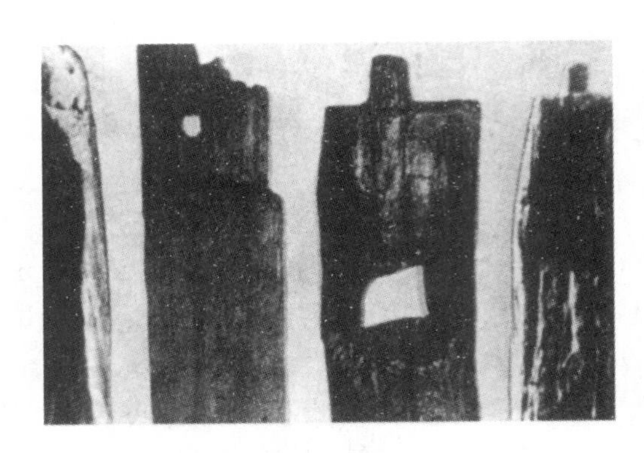

图 11-1　干栏建筑构件

图 11-2　西安半坡遗址

图 11-3　早期夯土建筑

西周约始于公元前 11 世纪。近年发现的陕西岐山西周立国以前的建筑遗址,已是两进的院落式房屋。外墙为夯土或垛泥承重墙,室内用木柱,其上为木构架草屋顶,局部用瓦,室内还用贝壳嵌饰。在扶风发现的西周中期房址,面积达 280 平方米,用夯土筑台基和隔墙,内部全部采用木构架支撑上层圆形屋顶,构架颇为复杂,是以后上圆下方的明堂的雏形。

木构架承重,使用斗拱,院落式布局,这是中国古代建筑不同于其他建筑体系的最明显特点。至此,这些特点已初见端倪。

春秋、战国时期,周王室权力衰微,所辖地区先后出现很多小国,逐渐演化出春秋五霸、战国七雄,并兴建了大量都城宫室。各国的都城一般都有大小两城,小城是宫城,大城为居民区。居民区内有很多用墙围成的小城,当时称里(以后称坊),呈方格网布置,居民出入要经里门,实行宵禁。大城内还有封闭性的集中商业区,称市,定日定时开放。宫城内的宫殿多是台榭,台榭是以阶梯形夯土台为核心,逐层建屋,靠土台层层升高造成类似多层楼阁外观的大体量建筑。这是在建筑技术不发达,还不能建造大型多层楼阁时的代替办法。各层夯土台的边缘和隔墙墩垛要用壁柱、壁带(横枋)加固,以防受压崩塌。在战国时期的中山王墓中发现一块刻有其陵园规划图的铜板，并标记有尺度，这堪称中国最古老的建筑图，也证明此时大的建筑已按规划设计图建造。据考古发掘证实，到战国时，宫室已使用模制花纹的地面砖和瓦当，地面及踏步铺砖和空心砖，地面用朱色抹面，墙壁素白并绘有壁画，壁柱、壁带上用金属装饰或镶嵌玉饰，十分豪华。夯土台上有巨大的集水陶管和下水道，其技术和艺术水平明显高于春秋时期。

11.1.3 秦、汉时期

秦是强盛而短暂的一个王朝。秦统一六国后，仿建六国宫殿于咸阳，并在渭水南岸建新宫，又建了大量离宫，都是规模空前的建筑活动。全国各地的建筑技术和艺术得到了交流、融合与发展的机会。秦拟把咸阳扩建为夹渭河两岸、以桥相连的一座空前庞大的都城，未及完成即覆亡。现存阿房宫前殿址，东西 1000 余米，南北 500 米，规模惊人。在骊山所建的秦始皇陵也是巨大的工程，皇陵见方 350 米以上，高 43 米，有两重围墙。陵区发现大量花纹瓦件、花砖、雕花纹地面石、有云气纹的青铜门楣、石雕下水道等，都很精美。史书记载其墓室极为豪华，从陵东发掘出的巨大军阵俑坑就可见一斑(见图 11-4)。

图 11-4 兵马俑(见彩图 20)

汉继秦而立，是中国第一个中央集权制的强大而稳定的王朝。汉朝的建筑规模和水平达到了中国古代建筑史的第一个高峰。

西汉的首都长安围绕渭水南岸秦代旧宫而建，全城面积 36 平方千米，开 12 座城门，城内辟 8 条纵街、9 条横街，街宽近 45 米，布置 9 市、160 闾里，都是用墙围起的城中小城。城内宫殿均不居中，中轴线上是一条南北大街，宫在街两侧，宫门外都建巨阙，主要殿堂是大型的台榭。城内还建有官署府库。近年发掘的西汉国家武库由数座建筑组成。最大的一座进深竟达 45 米多，残长 190 米，分四个房间，其体量即使以今天的标准看也是巨大惊人的。由此可知西汉国力之强盛。西汉末和王莽在任时期，在长安南郊建明堂及王莽宗庙。宗庙共 11 座，分前、后 3 排，互相错位。庙的院落均呈正方形，四面开门，正中建一 40 米左右见方的台榭和一座 80 米见方的特大台榭。这是迄今已发现的最为巨大完整的汉代建筑群。由此可知,明、清时期北京天坛这种高度对称的建筑布局在汉代已出现了。

西汉帝陵建在渭河北高地上。每陵附有一陵邑,共 7 个,都是闾甲制的小城,迁各地富豪和先朝旧臣入居,既减轻长安人口的压力,也发展了长安周围的经济,类似于现在的卫星城。

公元 25 年,东汉定都洛阳。洛阳平面为南北长矩形,面积 9.5 平方千米。城内有南、北两宫,但未形成共同的南北轴线。两宫之间和宫内重要宫殿间用架空的阁道相连。东汉的官署规模巨大,司徒府(相府)近似于宫殿。宠臣宅第有多重院落,曲折连通,有暖房、凉室等设施,有的还附有园林。这些在现存汉陶屋和画像石中都可看到。

从东汉明器陶屋和画像石看,中国古代三种主要木构架形式——柱梁式、穿斗式、密梁平顶式,此时都已出现,且已能建造独立的大型多层木构楼阁(见图 11-5)。西汉时出现了砖石拱券结构,东汉更盛,除筒壳外,还出现了双曲扁壳及穹隆。因土木结构发展在前,而初期又不能造大跨砖石拱券,遂用以建墓室。久之,在人们的观念中就把拱券与冢墓联系起来,故更难用于宫室。拱券在东汉末开始用于桥梁,魏、晋、南北朝后用于砖塔,但始终不如木构架房屋应用广泛。

汉代建筑遗物只有石祠和石阙。四川一些东汉石阙仿木结构所雕的柱、阑额、斗拱、椽飞、屋顶,比例优美,风格雄健,可视为汉代木建筑之精确模型。

三国时,中国分裂为三个政权,经过数十年战争,经济遭到极大的破坏,这一时期的建筑是东汉的延续。值得注意的是,曹魏都城邺城把宫室建在城北,官署居宅设在城南,有一条南北轴线自南而北正对宫殿。这是中国历史上第一座轮廓方正、分区明确、有明显中轴线的都城,对后世都城发展颇有影响。

其后是两晋南北朝,文化的融合给建筑艺术的发展带来了新的契机。两晋南北朝之初,西晋取代曹魏并统一全国,但很快覆亡。其残余势力在江南建国,即东晋。中国陷入南北分裂局面。北方先后建立十几个少数民族政权后,统一于鲜卑族建立的北魏。南方自公元 420 年刘宋取代东晋后,经历宋、齐、梁、陈四朝。由于形成南北对峙,史称南北朝时期。此期间东晋、南朝在建康(今南京)建都。建康西枕长江,南临秦淮河,水运发达,商业繁荣,四周城镇簇拥,连成东西、南北可达 40 里(1 里=415.8 米)的大型城市。北魏在洛阳建都,在汉魏故城外拓展外廓,东西 20 里,南北 15 里,建 320 坊,辟方格网街道,为以后隋、唐长安城渊源所在。

此时期佛教传入,大建寺塔。为使佛教在中国迅速传播,寺庙取中国宫殿、官署的形式,以示佛的庄严和极乐世界的壮丽美好。塔也与传统木构楼阁结合起来,形成楼阁式塔。在现存北朝各石窟中都清楚地表现出这一佛教中国化的过程。由于社会不安定,南北各朝都求福佑于佛,一时建寺成风。史载,南朝建康有 480 寺,北魏洛阳有千余寺。公元 516 年,北魏胡太后在洛阳建永宁寺塔,高 9 层,总高四十余丈(1 丈=2.45 米),下为土心,可能是历史上最高的木塔。唯一留存至今的北魏塔是河南登封嵩岳寺的 15 层 12 面砖塔,高 38 米,外轮廓呈抛物线形,曲线优美,施工难度颇大,表现了很高的艺术和技术水平(见图 11-6)。

这一时期长达近八百年,以秦、汉为高峰,中国古代建筑以木构为主、采用院落式布局的特点已基本成熟和稳定,并与当时的社会风俗习惯密切结合。三国至南北朝三百五十多年,中国南北分裂,为各地区的民族建筑文化交流提供了机会。魏晋玄学和佛教哲学的兴起,冲破了两汉经学和礼法对人思想的束缚,艺术风尚相应发生变化,建筑风格也随之变化。外观由汉式的端庄威严向活泼遒劲发展,屋顶由

图 11-5 汉明器中的建筑形象

图 11-6 河南登封嵩岳寺

平面变为凹曲面，屋檐由直线变为两端上翘的曲线，柱由直柱变为梭柱，来自西方并加以改造的连绵的植物纹样代替了汉代规整的几何图案，因而建筑外观逐渐改变，为下一阶段隋、唐时期建筑的发展准备了条件。

11.1.4 唐、宋华章

唐朝之前的隋的命运和秦相似，统一全国后因过度使用民力，造成经济损耗和全国动乱，很快覆亡。但这一时期所进行的大量建设，也显示了统一后宏大的气魄和迅速增强的经济实力。隋建大兴城(唐改称长安)和开大运河都堪称人类历史上的壮举。

公元 582 年，隋在龙首原上创建新都大兴，城平面为横长矩形，开 13 座城门，城内干道各纵横 3 条，称“六街”，总面积达 84 平方千米，是人类进入现代社会以前所建规模最大的城市。城内中轴线北端建宫城，宫城前建中央官署专用的皇城。在中轴线上有一条长 8 千米、宽 150 米的主街，经外城、皇城，直抵宫城正门，北指宫中主殿。主街左右用纵横街道分全城为 108 坊和 2 市。这是在吸收北魏洛阳经验的基础上创建的，城市之规整，街道之方正宽阔，宫殿、官署之集中，功能分区之明确，均超过此前之都城。这座大型城市，仅用时一年就基本建成，也反映了其卓越的设计和组织施工能力。其设计者是杰出的建筑和规划家宇文恺。公元 605 年，宇文恺又主持新建东都洛阳，面积 47 平方千米，也是一年即基本建成。

唐继隋后，恢复经济，安定民生，巩固统一，抗御外敌，很快成为一个统一、稳固、强大、繁荣的王朝。

在此基础上，迎来了中国古代建筑史的第二个高峰。

唐改大兴为长安(今西安)，修整城墙，建立城楼，制定一系列城市管理制度，使长安成为壮丽繁荣、外商云集的国际性大都会。随后，在长安修建了大明宫、兴庆宫两座宫殿，都以宫室壮丽闻名。唐代最宏伟的建筑是武则天在洛阳所建的明堂，平面呈方形，宽 89 米，总高 86 米，共 3 层，上两层为圆顶。这座极为巨大复杂的建筑，仅用十个月即完工，可见当时在设计、预制、组织施工等方面已达到很高水平。唐代帝陵多以山峰为陵，在利用自然地形方面已具有很高水平。盛唐、中唐时，显贵豪宅，院落重重，多使用名贵木料，家具陈设精美，当时人称这些挥金如土、架楼砌台者为“木妖”。宅旁园林也颇有发展，大贵族的宅院号称“山池”，有的占地达 1/4 坊。隋、唐时期，佛教兴盛，寺院规模庞大，建筑豪华，几乎可与宫殿媲美，集隋、唐建筑，雕塑(佛像)，绘画(壁画)，造园，工艺(供具)于一身。隋在长安建庄严寺木塔，高 330 尺(1 尺＝0.296 米)，反映了当时木结构技术的巨大发展。

唐代建筑留存至今的只有四座木建筑和若干砖石塔。在四座木建筑中，以建于公元 782 年的山西五台南禅寺大殿和建于公元 857 年的五台佛光寺大殿较为重要(见图 11-7)。虽只能反映唐代建筑中下等规模和一般水平，远不能与长安名寺相比；但仍可看出，这时木建筑已采用模数制的设计方法，用料尺

图 11-7　五台佛光寺大殿一角

度规格化，结构构件也顺应其特点做适当的艺术处理，达到了建筑艺术与技术的统一，证明木构建筑至此已逐步完善，达到成熟的地步。唐代砖石塔以方形为多，也有多角形和圆形；其层数有单层，也有多层；其形式有楼阁型，也有密檐型。著名的西安大雁塔、玄奘塔是楼阁型塔。西安小雁塔是密檐型塔，其原型本源于印度，这时已经中国化了。唐代对外交往频繁，大量印度、西域、中亚文化输入，并融入中华文化，表现出中华文化保持特色、兼容并蓄的旺盛生命力。在这期间，大量萨珊图案融入了中国装饰纹样。

辽为契丹族在中国北方所建，与北宋对峙。它的建筑是唐北方建筑的余波和发展。其早期建筑如

公元 984 年所建的蓟县独乐寺观音阁，几乎与唐建筑相同。辽最著名的是公元 1056 年所建的应县佛宫寺释迦塔(见图 11-8)，为八角五层全木构塔，高 67 米，是现存最高的古代木建筑。本塔在设计时，以第三层面阔为模数，每层高度都和它相等，利用斗拱的变化逐层调整立面比例，表明这时设计中除以材为模数外，还以面阔为扩大模数，设计更为精密。辽的辖区在经济上落后于中原和关中，在文化、技术上落后于北宋，而能在建筑上做出如此卓越成就，就可推知在唐和北宋的中心地区，建筑水平一定更高。

宋分为北宋、南宋。北宋与辽和西夏对峙于河北、山西、陕西一线，并在一个比唐代小的疆域内创造出了高于唐代的经济水平。宋把首都迁到汴梁(今开封)，以便通过运河得到江南经济上的支持，汴梁遂同时成为手工业、商业发达的城市。经济活动的繁荣冲破了自古以来把居民和商肆封闭在坊、市之内的传统，使汴梁成为拆除坊墙、临街设店、居住小巷可直通大街的开放型街巷制城市。这是中国古代城市发展史上一个巨大的变化。北宋时，国土分裂，在城市、宫殿、邸宅建筑上缺乏强盛、开放的唐代那种宏大开阔的气魄，且经济较为发达，注重实际享受，其建筑遂向较为精练、细致、装饰富丽的方向发展。北宋建筑物保留下来的极少，较为有名的如河北定县料敌塔和河北正定隆兴寺(见图 11-9)等，虽不能反映主要面貌，但北宋末所编的《营造法式》可以弥补此缺憾。它把唐代已形成的以材为模数的大木构架设计方法、其他工种的规范化做法和工料定额作为官定制度确定下来，并附以图样，成为现存中国古代最早的建筑法规和正式的建筑图样，是研究宋代建筑并上溯唐代，下及金、元的重要技术史料，从中可以看到宋代比唐代增加了很多细腻的处理手法和装饰雕刻，室内装修和彩画的品种也比唐代大为增加。唐时门窗只有板门、直棂窗，宋代方开始用棂格复杂的格扇，建筑风格向精巧绮丽方向发展。自晚唐至北宋末约二百年中，室内家具也完成了由低矮的供人跪坐的床榻几案向垂足而坐的椅子和高桌转变的过程，人的室内起居方式发生了重大变革。

图 11-8 应县佛宫寺释迦塔

图 11-9 河北正定隆兴寺全景

北宋亡于金后，在淮河以南建立南宋，与金对峙。南宋定都临安(今杭州)，以府城、府衙为都城、宫室，比北宋更小，建筑基本属浙江地方风格，苑囿及园林精美。南宋园林凭借其优越的自然条件和高度发展的文学艺术土壤，与诗词、绘画相结合，寄情深远，造景幽邃，建筑精雅，达到很高水平。如今虽实物不存，仍可从宋代绘画中见其概貌。南宋建筑构架往往具有穿斗架特点，属地方风格，后即使官方所造的建筑(如苏州玄妙观三清殿)也是如此。

金(公元 1115—1234 年)灭北宋后，掳得大量文物、图书和工匠，因此它的典章制度、宫室器用多是沿用北宋。金的皇室建筑曲线更为柔和，装饰方面追求富丽堂皇。现在常见的红墙、黄瓦、白石台阶的宫殿形象，实始于金。

这一阶段延续了六百六十余年，以唐为高峰。唐是继汉以后又一个统一昌盛的王朝，其都城规模宏大，为古代世界第一；在全国按州县分级新建了大量城市，远达边疆地区；建筑群布局开朗，一气呵成，院落空间层次丰富；房屋造型饱满浑厚；木构架条理明晰，望之举重若轻；装饰端丽大方而不失纤巧，完全摆脱了自汉以来线条方直的建筑风格。唐所建的含元殿、麟德殿、明堂等大型建筑的尺度，以后各朝都未能超越，可以认为这一时期的建筑已接近古代木构建筑尺度的极限。所以，无论在建筑艺术还是建筑技术方面，唐代都是臻于成熟的盛期。

11.1.5 古典终结

元、明、清是中国封建社会及其文化发展的后期，也是中国古典建筑发展的最后一个阶段，其建筑及文物保留下来的也最多。

元始称蒙古，公元 1271 年改称元，先后于公元 1234 年及公元 1279 年灭金及南宋，统一全国。公元 1267 年，蒙古在金中都东北平野上建都城大都(今北京)，平面为纵长矩形，面积为 49 平方千米。大都城内建皇城、宫城，且皇城环绕于宫城周围。大都城东、城南、城西三面各三门，北面二门。城内道路采用方格网式布置，居住区为东西向横巷，称胡同。又自城西引水入城，注入湖泊，南与运河相连，大运河漕船可直抵城内湖泊。大都三面各开三座城门，宫城在南而商业中心钟鼓楼街在北，太庙社稷坛在宫前方左右，明显是比附《考工记》王城制度。这是继隋、唐建大兴、东都二城后中国古代最后一座完善规划平地新建的都城，也是唯一按街巷制创建的新都城。

图 11-10 北京妙应寺白塔

元官式建筑继承北宋、金的传统，而用材更小，显得清秀，芮城永乐宫、曲阳德宁殿是其代表。元代建筑地方差异增大，北方多用圆木为梁，构架灵活自由；南方继承南宋传统，构架严谨，加工精确，建于公元 1320 年的上海真如寺是其代表。元代疆域广大，西藏、新疆、中亚等的建筑风格纷纷传入中原，如大都万安寺塔(今北京妙应寺白塔，见图 11-10)是藏式的喇嘛塔，建于公元1281年的杭州凤凰寺和建于公元1346年的泉州清净寺则是阿拉伯式样。同时，内地风格也影响到少数民族建筑，西藏夏鲁寺的木制斗拱即典型的元代官式建筑。

明灭元后，先定都南京，由江、浙工匠修建宫室，故明宫室建筑受南宋以来的传统影响很大。明永乐帝迁都北京，仍由南方工匠按南京宫殿式样修建北京宫殿，故明初江、浙建筑式样成为明官式的基础。明是唐以后汉族建立的唯一全国统一的政权，立国之初在制定制度、巩固统一上做了很多事，包括制定建筑制度等。明朝政权对王府、各级官署、官民住宅，从布局、间数、屋顶形式、色彩等都有规定，并对地方城市进行大力修整，如砖包城墙、修建钟鼓楼等。这些对明、清两代的城市和建筑面貌产生了深远影响。

公元1420年，明在元大都基地上向南移建成新都北京，街道、胡同沿用元大都之旧，皇城、宫城、宫殿则全部新建。北京有一条长7千米的南北中轴线，皇城、宫城在城内中轴线上偏南部位，中轴线穿过皇城、宫城的正门、主殿，出皇城墙北达钟鼓楼。全城最高最大的建筑都在这条线上，形如全城脊椎。衙署位于皇城前，太庙、社稷坛在宫城前左右分列，其余布置住宅、寺庙、仓库，规划之完整、气魄之宏大，唐以后无可与其匹敌者(见图11-11)。北京紫禁城宫殿、太庙、天坛等都是现存最完整、宏伟的古建筑群，是表现院落式布局的最杰出范例。其总平面设计使用了扩大模数，体现出运用模数进行设计的新发展。明代宫殿、坛庙都用楠木建造，以斗口为单体建筑设计模数，外形严谨，采用红墙、黄瓦、白台基，风格划一，在设计和施工质量上又有进步。

图11-11　北京故宫中轴线鸟瞰图(见彩图21)

从明代起，地方经济日益发展，地方建筑特色也日渐鲜明。现存安徽歙县和山西襄汾的明代住宅既有共同的时代气息，又清楚地体现出南北地方风格的差异。明中后期造园之风盛行，有城市山林特点的宅旁园取得杰出成就，并在其基础上出现造园名著《园冶》，引起清代江南造园的新高峰。

清定都北京，沿用明的都城宫室，未作重大改变。清官式建筑即明官式建筑的延续和发展。公元1733年，清工部颁布《工程做法则例》，开列二十几座常用的典型官式建筑的详细尺寸，表述明、清两朝官式建筑的设计规律及特点。以斗口(斗拱宽度)或柱径(三斗口)为模数，便于计算；简化梁柱结合方式，斗拱蜕化为垫托装饰部分。清式虽外观较宋式严谨，构架类型也较少，但标准化程度高，利于大量预制，并保证建筑群统一、协调，在艺术和技术上都能达到一定水平。清雍正、乾隆两朝建了大量建筑，工期都不长，这里高标准化起了很大作用。

清代最突出的建筑成就之一是造园。北京西郊的三山五园(见图 11-12 至图11-14)和承德避暑山庄(见图 11-15)都是这一时期新创的苑囿,规模均远远大于明代,南北私家园林也颇具特色,反映出古代造园艺术的最高水平。

图 11-12　颐和园万寿山排云殿建筑群(见彩图 22)

图 11-13　颐和园昆明湖西堤桥亭

图 11-14　颐和园长廊

图 11-15 承德避暑山庄鸟瞰图

清代的少数民族建筑也有长足的发展。为加强民族团结，清政府仿照各兄弟民族代表性建筑，在避暑山庄附近兴建十余座寺庙，俗称外八庙。其在清全盛期的建筑艺术、技术基础上，融各民族建筑特点于一体并加以创新，为高度程式化的清式建筑增添了勃勃的生机，成为中国古代建筑的最后一朵奇葩。

这一期间，明代不仅建了南京、北京两座都城和宫殿，而且恢复、修整、重建了大量地方城市，制订了各类型建筑的等级标准。明中期还增修长城，给了具有两千年历史的伟大工程一个圆满的总结（见图11-16）。明清的陵墓建筑保存的较为完好，如明十三陵（见图 11-17）和清东陵、清西陵（见图 11-18）。明代堪称中国古代继汉、唐以后的一个建筑发展高峰。清初在明的基础上继续发展，但清中叶以后官式建筑由成熟定型转为程式化，建筑风格由开朗规整转为拘谨，由重总体效果转为倾向于装饰，构架由井然有序、尺度适当转为呆板沉重——清官式建筑和清政府同步走向衰败，至公元 1840 年以后更是每况愈下，一蹶不振。

图 11-16 北京慕田峪长城城楼

图 11-17　明十三陵神道

图 11-18　清代东陵

11.2　中国古代建筑的基本特点

中国古代建筑在其漫长的发展过程中逐渐形成若干与其他建筑体系明显不同的基本特点。其始于商、周，延续至清末，历时约三千年之久。其间有发展也有停滞，有高峰也有低谷，建筑风格的演变更是多种多样，但有些基本特点始终存在并不断发展和完善，这些基本特点大体可归纳为以下几方面。

11.2.1　房屋采用木构架形式

中国古代建筑的主要特点之一是房屋多为木构架建筑。这种房屋以木构架为房屋骨架，承屋顶或楼层之重；墙壁是围护结构，只承自重。室内可以不设隔墙，外墙上可以任意开门窗，甚至可建不设墙壁的敞厅。古代木构架的主要形式有以下三种。

(1) 抬梁式。在房屋前后檐相对的柱子间架横向的大梁，大梁上重叠几道依次缩短的小梁，梁下加瓜柱或驼峰，把小梁抬至所需高度，形成三角形屋架；在相邻两道屋架之间，于各层梁的外端架檩，上下檩之间架椽，形成屋面呈下凹弧面的两坡屋顶骨架。每两道屋架间的室内空间称“间”，是组成木构架房屋的基本单位(见图 11-19)。

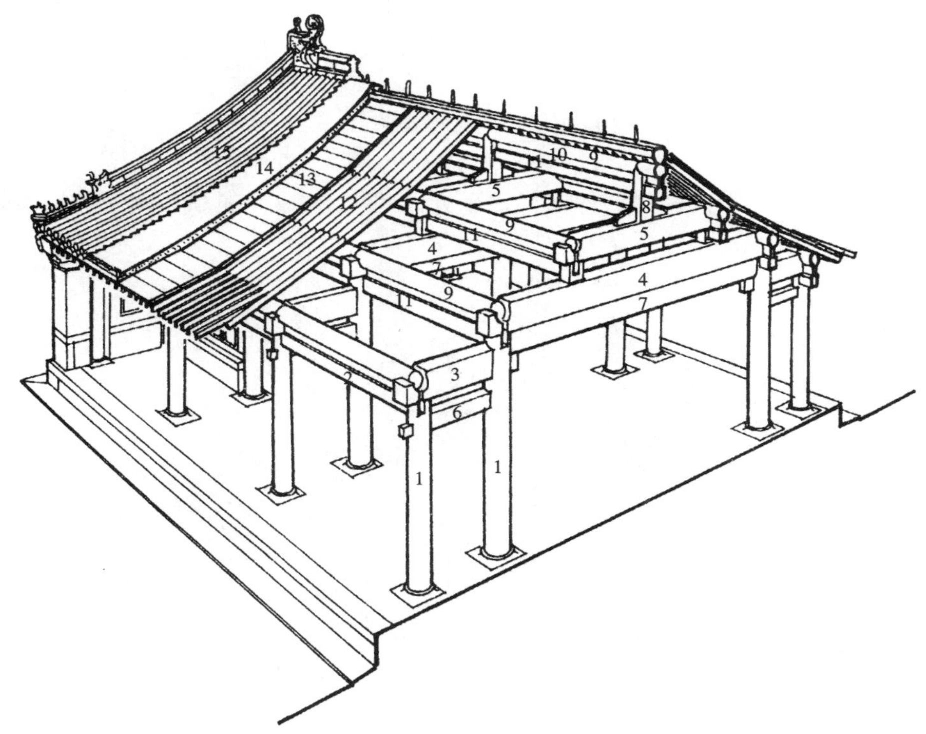

图 11-19　抬梁式木构架示意图

1—柱；2—额枋；3—抱头梁；4—五架梁；5—三架梁；6—穿插枋；7—随梁枋；8—脊瓜柱；9—檩；10—垫板；11—枋；12—椽；13—望板；14—苫背；15—瓦

(2) 穿斗式。与抬梁式在柱上架梁和梁端架檩不同,穿斗式把沿进深方向上各柱随屋顶坡度升高,自接承檩,另用一组称为“穿”的木枋穿过各柱,使之联结为一体,成为一道屋架;各屋架之间又用木枋联系,构成两坡屋顶骨架。檩上架椽,与抬梁式相同(见图 11-20)。

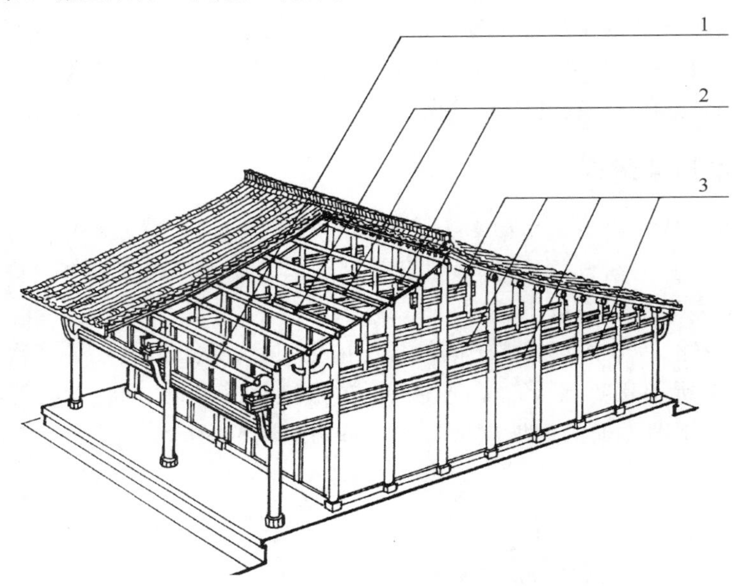

图 11-20 穿斗式木构架示意图

1—穿枋;2—牵枋;3—檩

(3) 密梁平顶式。用纵向柱列承檩,檩间架水平方向的椽,构成平屋顶。此处的檩实际是主梁(见图 11-21)。

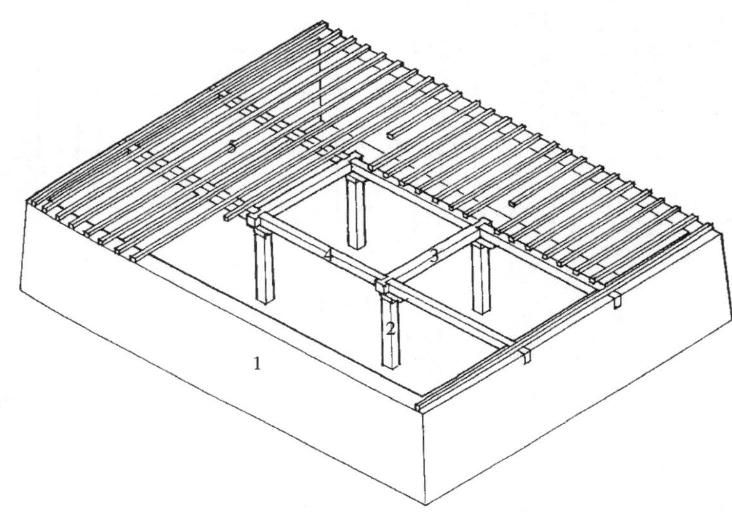

图 11-21 密梁平顶式木构架示意图

1—承重墙;2—内柱;3—梁;4—檩;5—椽

抬梁式和穿斗式是用于坡屋顶房屋的构架，其中以抬梁式使用最为广泛，历代官式建筑均是此式，华中、华北、西北、东北也都用此式来建屋；穿斗式流行于华东、华南、西南，但这些地区的寺观及重要建筑仍多采用抬梁式；密梁平顶式流行于新疆、西藏、内蒙古等地。

11.2.2 建筑造型与空间完整

(1) 三段式。木构房屋需防潮和防雨，故需要高出地面的台基和出檐较大的屋顶，因此在外观上明显分为台基、屋身、屋顶三部分。

(2) 屋面凹曲、屋角上翘的屋顶。抬梁式房屋的屋面在汉代还是平直的，自南北朝以来开始出现用调节每层小梁下瓜柱或驼峰高度的方法，形成下凹的弧面屋面，使檐口处坡度变平缓，以利采光和排水。中国古代建筑的屋顶除两坡外，重要建筑的屋顶还有攒尖(方锥)、庑殿(四坡)和歇山(庑殿与两坡的结合)等形式(见图 11-22)，后三种形式在相邻两面坡顶相交处形成。在汉代，椽子和角梁下取平，故屋檐平直，但构造上有缺陷。至南北朝时，开始出现使椽上皮略低于角梁上皮的做法，抬起诸椽，下用三角形木垫托，于是出现了屋角起翘的形式。至唐成为通用做法，后世更设法加大翘起的程度，遂成为中国古代重要建筑屋顶外观上又一显著特征，称为“翼角”。

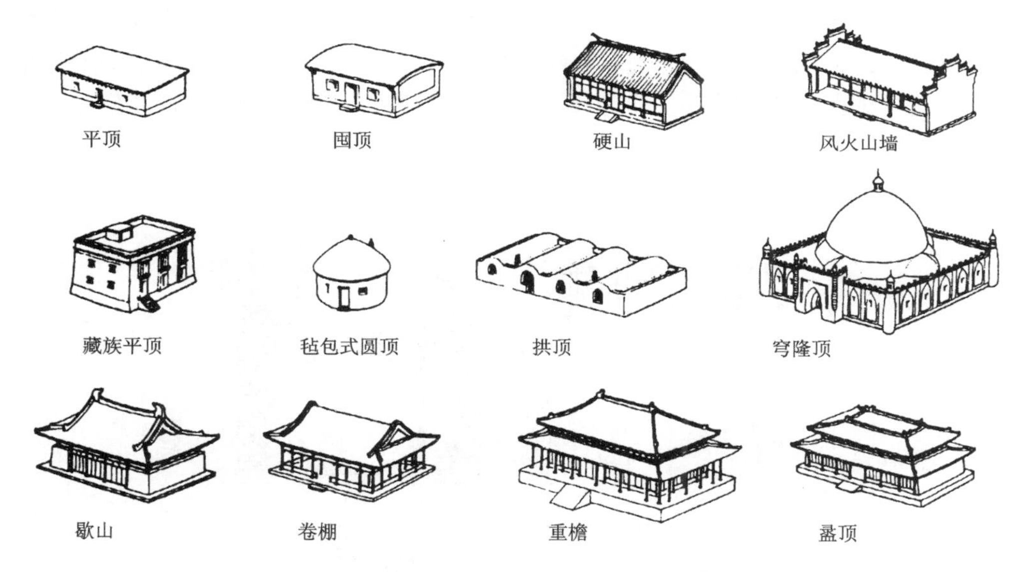

图 11-22 屋顶形式示意图

(3) 斗拱的应用。西周初，在较大的木构架建筑中，已在柱头承梁、檩处垫木块，以增大接触面；又从檐柱柱身向外挑出悬臂梁，梁端用木块、木枋垫高，以承挑出较多的屋檐，保证台基和构架下部不受雨淋。这些垫块、木枋、悬臂梁经过艺术加工，成为中国古代建筑中最特殊的部分——“斗”和“拱”的雏形，其组合体合称“斗拱”。到唐、宋时，斗拱发展至高峰，从简单的垫托和挑檐构件，发展为与横向的梁和纵向的柱头枋穿插交织、位于柱网之上的一圈井字格形复合梁。其除向外挑檐、向内承室内天花板外，更主要的功能是保持柱网稳定，作用近似于现代建筑中的圈梁，是大型重要建筑结构上不可缺少的部分。元、明、清时，柱头之间使用了大小额枋和随梁枋等，使柱网本身的整体性加强，斗拱不再起结构作用，逐渐缩小为显示等级的装饰物和垫层。斗拱在中国古代木构架中使用了两千多年,从简单的垫托到起着重要作用,再到成为结构上的装饰,标志着木构架从简单到复杂再到简单的进步过程。由于斗拱的时代特征显著,有助于对古代建筑断代,近年来颇受建筑史学家所重视并对其进行了深入的研究。

(4) 以间为单位,采用模数制的设计方法。中国古代建筑中两道屋架之间的空间称一"间",是房屋的基本计算单位。每间房屋的面宽、进深和所需构件的断面尺寸,到南北朝后期已有一套模数制的设计方法,到宋代发展得更为完善,并记录在公元1103年编定的建筑法规《营造法式》中。这种设计方法是把建筑所用标准木材(即拱和柱头枋所用之料)称"材",材分若干等(宋式为八等),以材高的1/15为"分",材高是模数,分是分模数。然后规定某种性质(如宫殿、衙署、厅堂等)、规模(三、五、七、九间,单檐,重檐)的建筑大体要用哪一等材,同时规定建筑物的面阔和构件断面应为若干分,并留有一定伸缩余地(这部分数字应是多年经验积累所得。从现有实物看,所定断面尺寸都有一定安全度)。建屋时,只要确定了性质、间数,按所规定材的等级和分数建造,即可建成比例适当、构件尺寸基本合理的房屋。这种模数制的设计方法可以通过口诀在工匠间传播,不需绘图即可设计房屋、预制构件,有简化设计、便于制作、保持建筑群比例风格基本一致的优点。中国木构架房屋易于大量而快速地组织设计和施工的重要原因之一就是采用模数制设计方法。

(5) 室内空间灵活分隔。木构架房屋不需承重墙,内部可全部打通,也可按需要采用木装修灵活分隔。木装修装在室内纵向或横向柱列之间。分隔方式可实可虚:实的如屏门、格扇、版壁等,把室内隔为数部,用门相通;虚的如落地罩、飞罩、栏杆罩、圆光罩、多宝阁、太师壁等,都是半隔半敞,不设门扇,空间上既有限隔,又不阻挡视线,并可自由通行,做到隔而不断(见图11-23、图11-24)。大型房屋还可把中部做单层的厅,左、右、后侧做二层楼,利用虚、实两种装修方法创造出部分敞开、部分隐秘而又互相连通和渗透的室内空间。

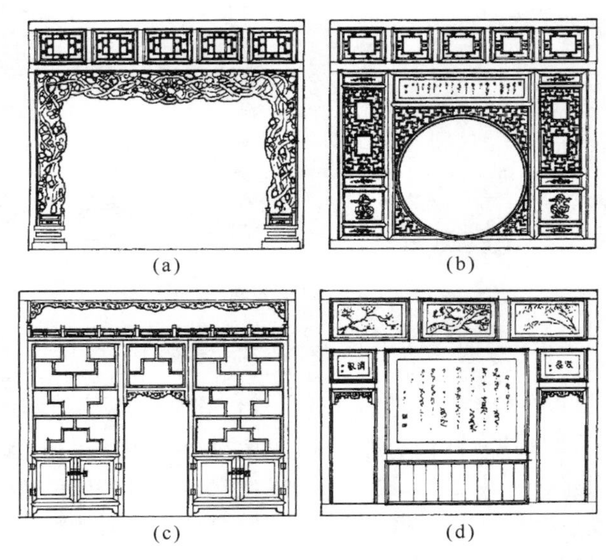

图 11-23 室内隔断装修示意图

(a) 落地罩;(b) 圆光罩;(c) 多宝阁;(d) 太师壁

图 11-24 室内落地罩装修示意图

(6) 结构构件与装饰统一。木构架建筑的各种构件，往往依据其形状、位置对其进行艺术加工，使之起到装饰作用。如直柱可加工为八角柱或梭柱，柱下的础石和柱板上加雕刻，柱间阑额插入柱时的垫托构件雀替下部做成蝉肚曲线，并在两侧加雕饰，斗底抹斜、拱头加卷杀，改变方木块和短木枋的原形，使斗拱兼具装饰效果。梁由直梁加工成月梁，屋檐的飞椽端部加卷杀，以增强翼角如飞的效果。不仅木构件，屋顶瓦件也多是兼实用、装饰于一身。如屋脊原是盖住屋顶转折处接缝的，鸱吻、兽头是屋脊端头的收束构件，瓦兽原是为防止屋瓦下滑所钉在铁钉顶上的防水遮盖物。这些构件经过艺术处理，都可以成为独具特色的建筑装饰(见图 11-25、图 11-26)。

图 11-25 宫殿建筑屋顶:脊上正吻与筒瓦上钉帽

(7) 采用油漆彩画。木构房屋为了防腐需涂油漆，如在有些部位绘制各种装饰图案，称“彩画”，这是中国古代建筑在外观上的又一突出特点(见图 11-27、图 11-28)。宋代彩画图案相当一部分源于锦纹。明、清以来，北方宫殿寺庙盛行在柱及门窗上涂土红或朱红等暖色，在檐下阴影内的构件如阑额、斗拱等处涂青绿等冷色，并绘各种图案;民间则只能涂黑色。南方除黑色外，还有深栗色。北方官式彩画富丽鲜艳，南方则淡雅含蓄。中国彩画在用色上的最大特点是使用退晕、对晕和间色手法:退晕是把同一颜色而深度不同的色带按深浅度排列;对晕是把两组退晕的色带相并，使其浅色(或深色)在中间相对，令其在色度变化的同时形成一定的立体感;间色是两种颜色交替使用，如相邻二攒斗拱，一为绿斗蓝拱，一为蓝斗绿拱，又如相邻二间的大小额枋枋心，一为蓝上绿下，一为绿上蓝下，只用蓝、绿二色，就可得到绚丽的效果。

图 11-26　宫殿建筑屋顶:中央宝顶、脊上小兽和筒瓦上钉帽

图 11-27　北京颐和园长廊(此幅彩画的内容为“穆桂英招亲”)

图 11-28　天安门天花装饰(见彩图 23)

11.2.3 中轴对称的院落式布局

自台榭建筑衰落消失之后，除个别少数民族地区外，中国古代很少建造由多种不同用途的房间聚合而成的单幢大型建筑，而主要采取以单层房屋为主的封闭式院落布置形式。房屋以间为单位，若干间并联成一座房屋，房屋沿地基周边布置，几座房屋共同围成庭院。其中重要建筑虽位于院落中心，但四周被建筑和墙包围，外面看不到。院落大都取南北向，主建筑在中轴线上，面南，称正房；正房前方东、西两侧建东西向房，称东、西厢房；南面又建面北的南房，共同围成四合院；除大门向街巷开门外，其余都向庭院开门窗。庭院是各房屋间的交通枢纽，又是封闭的露天活动场所，可视为房屋特别是檐廊、敞厅的延伸或补充。这种四面或三面围成的院落大多左右对称，有一条穿过正房的南北中轴线。院落的规模随正房、厢房间数多少而改变。大型建筑群还可沿南北轴线串联若干个院落，每个称一“进”。更大的建筑群组还可在主院落的一侧或两侧再建一进或多进院落，形成二、三条轴线并列，主轴线称“中路”，两侧的称“东路”“西路”。宫殿、官署、寺院还可把主院落扩大，东西路各院缩小，其间隔以巷道。中国古代建筑小至一院住宅，大至宫殿、寺庙，都是由院落组成的(见图11-29)。

图 11-29 太和殿前院落示意图(见彩图 24)

这种院落式的群组布局决定了中国古代建筑的又一特点，即重要建筑都在庭院之内，很少能从外部一览无遗。越是重要的建筑，越是有重重院落为前奏，在人的行进中层层展开，引起人们可望而不可即的企盼心理。这样，当主建筑最后展现在眼前时，可以将人们的激动兴奋之情渲染到最大，从而加强该建筑的艺术感染力。而前奏院落在空间上的收放、开合变化，也反衬出主院落和主建筑的重要地位。中国古代建筑，就单座房屋而言，形体变化并不算丰富，屋顶形式的选择和组合方式又受礼法和等级制度的束缚，因此主要靠庭院空间的衬托取得一定的预期效果。从这个意义上说，中国古代建筑是在平面上纵深发展所形成的建筑群与庭院空间的变化艺术。建于公元 15 世纪初的明、清北京宫殿是现存最宏伟、空间变化最丰富、最能代表院落式布局特点的杰作。而中国园林，因其建筑密度远低于其他建筑体系，实际上仍是由轩馆亭厅为主体，辅以假山、土丘、树篱、栅栏、漏窗、花墙、月洞门等组成的平面上向纵深发展的院落和院落群，只是空间分隔较为活泼和自由(见图 11-30、图 11-31)。

图 11-30　苏州沧浪亭

图 11-31　浙江杭州园林的水中石山

11.2.4 以方格网街道系统为主规划兴建的城市

中国在商代前期已出现夯土筑的城墙。在西周到战国时逐渐形成根据政治、军事、经济需要，按一定规划原则分等级建城的传统。最早的都城规划原则载于战国时的著作《考工记·匠人》中，其对王城和不同等级诸侯城的大小、城墙高度、道路宽度等都作出了不同的规定。其中王之都城规定为方形，每面开三城门，城内王宫居中，宫前左右建宗庙和社稷，宫后建市，形成王城的中轴线。这些规定对以后两千多年的中国都城建设产生了很大影响。

中国古代的大中城市内大多建有小城，在城内建宫殿的称“宫城”，建官署者称“衙城”或“子城”。宫城或子城在魏、晋以后大多建在全城中轴线上，四周布置若干矩形居住区，其间形成方格形街道网（见图11-32）。从战国到北宋初，每个居住区四周用墙围起，四面或两面各开一门，由官吏管理，并实行宵禁，以控制居民，从而形成若干个城中的小城，称“里”或“坊”。坊内用大小十字街分为十六格，格内建住宅。城内商业集中设于一两个小城中，定时开放，有专官管理，称“市”。这种把居民和商业都放在小城中进行控制的城市，后世称之为市里制城市，是一种封闭性很强、具有军事管制性质的城市制度。在排列整齐的坊和市之间很自然地形成方格形街道网。北宋中期，由于城市经济繁荣，商业首先突破了市的束缚，出现商业街，随后出现夜市，宵禁不得不取消；最后拆除了坊墙，居住区以东西向横巷为主，可直通干道，使城市的封闭性人为减弱。这种城市后来称之为街巷制城市。北宋后期的汴梁，南宋的临安（今杭州）、平江（今苏州），元代的大都（今北京），明、清的北京和大量明、清地方城市都属此类城市。街巷开放后，元、明时又在城中心地区建钟楼、鼓楼等报时建筑，并成为城市活动的中心，形成特殊的城市街景和轮廓线。不过，直至清末，北京居住区的横街——胡同两端通街处仍设有栅栏，以控制居民夜出，但比起全封闭的里坊来，已是文明多了。中国古代规整的里坊，方正宽阔的街道网，重点突出的宫城、衙城、官署、钟鼓楼等，形成了中国古代城市的特殊面貌。但在其出现之初，相当程度上却是以牺牲居民的生活便利为代价的。

以间为房屋的基本单位，几间并联成一座房屋，几座房屋围成矩形院落，若干院落并联成一条巷，若干巷前后排列组成小街区，若干小街区组成一个矩形的坊或大街区，若干坊或大街区纵横排列，其间形成方格网状街道，最后形成以宫殿、衙署或钟鼓楼等公共建筑为中心的有中轴线的城市——这就是中国古代城市的特点，且都是按规划兴建的。此外，除平原地区多建轮廓规整的城市外，在山区、水乡也有很多因地制宜、灵活布局的建筑物。

以上的特点体现在具体的建筑物、建筑群及城市中时，又将受到一个特定的条件约束，即等级制度。

中国古代是个受礼法约束、等级森严的社会。礼是行为规范，法是行为禁约，二者相辅，通过保持人际的尊卑贵贱关系来巩固政权。当时在人的衣食住行上都制定出级差，使人的社会地位一望而知。在住的方面，自春秋以来，史籍上就载有等级限制。大至城市、宫室、官署、宗庙，小至庶人住宅，都不是随业主好恶或财力随意建造，而是受到等级制度的严格限制。以唐至清的等级制度概括而言：房屋面阔九间为皇帝专用，七间为王以上用，五间限贵族、显宦用，小官及庶人只能建三间之屋；在屋顶形式上，庑殿顶为皇宫主殿及佛殿专用，歇山顶在唐代为王及贵官、寺观所用，宋以后只限王及寺观专用，公侯贵官下至庶民只能用两坡的悬山或硬山屋顶，故中国屋顶的翼角虽美，但连低于王的贵族、显宦也不得使用；作为中国古代木构建筑特点之一的斗拱也只限于皇宫、寺观和王府使用，公侯以下仍不许使用；在油漆彩

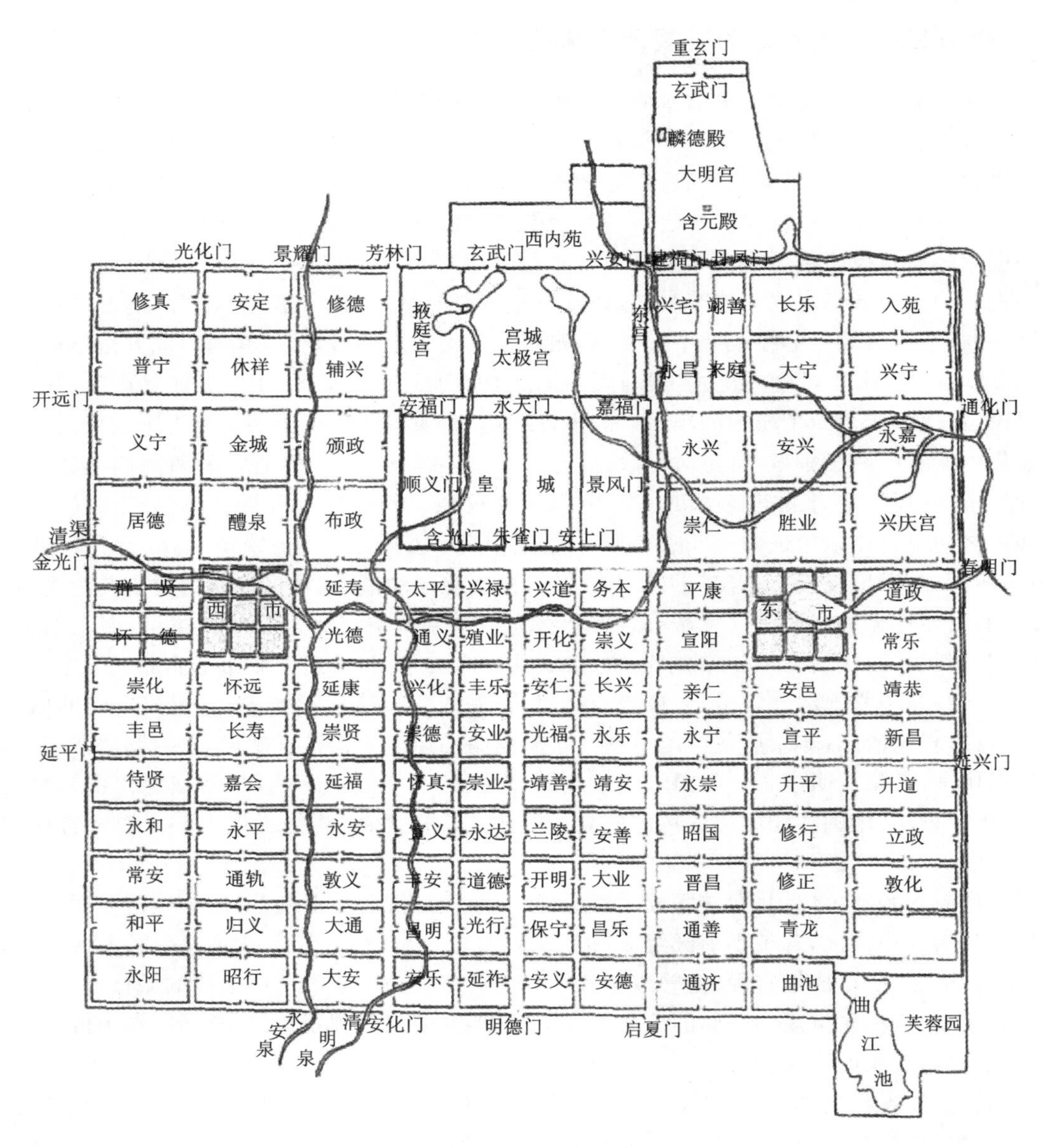

图 11-32　唐长安城平面图

画上，只有皇宫、寺观、贵邸方可用朱，一般官可用土红，庶民只用黑色，至今北方中小县城中旧房多涂黑漆，即此禁令之遗；彩画分若干等，色彩最绚丽、用金最多之和玺彩画只能用于宫殿主殿，次要殿宇及王府、寺观多用旋子，贵族、显宦住宅的彩画则更简单，庶人禁用；琉璃瓦只限宫殿、寺观、王府专用，只有宫殿及佛殿可用黄琉璃瓦，王府及供菩萨之殿只能用绿琉璃瓦，一般贵族、显宦用灰筒瓦，低级官员及庶人只能用灰板瓦。在这种种严格的限制下，根据房屋的间数、屋顶形式、瓦的种类、油漆彩画的颜色和品种，房主人的身份、地位即可一望而知。甚至城市也受等级限制，如只有都城城门可开三个门道，正中一个是御道,州郡城正门可开两个门道,县城城门只能开一个门道;州府城和县城的大小、其衙署的规模都有级差;只有州府衙前才可建门楼,称"谯楼"。这种等级限制有利有弊。利是风格较易统一协调,而且大量相似的建筑或院落衬托少量斗拱攒聚、翼角翚飞、楼阁玲珑、琉璃耀眼的宫殿、寺观、钟鼓楼等,可以形成重点突出的效果。这种在建筑上表现出的尊卑主从的秩序,正是封建社会中三纲五常、伦理道德在人的居住环境上的反映。弊是大量建筑形体接近,同一类型同一等级的建筑个性不突出,在禁限之下,发展缓慢,任何创新要得到承认很困难;一种新做法,一旦为皇帝采用,立即成为禁忌,臣下不许效仿,这些都不利于建筑的发展。

11.3 中国乡土建筑

民居即住宅是乡土建筑的主要组成部分,其内容丰富,历史悠久,反映特定生活条件下人们的生存智慧。伟大的建筑艺术正是起源于原始人遮蔽风雨的小屋,住宅是为生活服务的最为大众化的建筑,是人类建筑活动的主体。它能直接反映特定时代、特定地区人们的生活状况和居住习俗,有着浓郁的地区特点和乡土气息,是建筑艺术花圃中不可缺少的生动点缀。

中国地域辽阔,民族众多,由不同气候、地形和各民族的传统文化、风俗习惯形成了风格各异的住宅形式,这是中国古代建筑中最具特色的一部分。

分布最广的汉族住宅自古以来为院落式布置,以向内的房屋围成封闭的院落,仅大门对外,比较适合古代以家庭为单位、重视尊卑长幼、男女有别的礼法要求,并能保持安静的居住环境。院落式住宅以院为基本单位,小宅只有一院,中等住宅在主院前后有小院。大型住宅又分内外宅,外宅为男主人起居并接待宾客之用,以厅为中心;内宅为女眷住所,以堂为中心;加上前院及后照房或楼,至少有四进院落。规模更大的住宅在东西侧各有跨院,在外宅为书房、花厅,在内宅为别院,以适应父子兄弟共居的需要。王侯巨邸则在中轴线上的主宅左右建东、西路,自成轴线。一些数世同堂、聚族而居的大族住宅,往往也采用此式。这种住宅,一院之中以北为上;北房明间为堂,东西间及耳房为居室,以东间为上;多院住宅中,中轴线上院落为上;按传统礼法的父子、兄弟、尊卑、长幼之序安排居住。

院落式住宅中,院落既是通道,也是家庭户外活动中心。中小住宅庭院,北方多植海棠、丁香,南方喜种金桂、腊梅,也有陈设盆花的石儿,适于全家夏夜围坐。大型邸宅高房广庭,豪华富丽,主院多不植树,满墁砖地,陈设盆花,在盛夏及喜庆寿诞时搭设天棚,陈设桌椅,即为堂之延伸;跨院、花厅尺度适中,庭中多植幽篁花树,檐下装挂落栏杆。这些在《红楼梦》中都有所描述。

同为院落式住宅,由于南、北的气候差异,有很大的不同。北方住宅庭院宽阔,如北京四合院,四面房屋都有一定间隔距离,用游廊相接,庭院呈横长方形,以便冬季多纳阳光;南方住宅则正房、厢房密接,屋顶相连,在庭院上方相聚如井口。这种住宅俗称"四水归堂",对其庭院则形象地称之为"天井";南方住宅重在防晒通风,故厅多为敞厅,在空间感觉上与天井连为一体,只有居室设门窗,和北方住宅迥然不同;在室内装修上,有各种虚、实的分隔做法,以满足生活上的不同需要,并形成丰富的室内空间变化。

除了大量的院落式住宅,还有些特殊形式和做法的住宅。如河南、陕西在黄土崖壁上开挖的窑洞住宅,闽东北的横长联排住宅,闽、粤交界一带客家人聚族而居的方形或圆形夯土壁大楼,水乡、山区的临水、依山住宅,都不同程度突破了规整的院落格局,各具特色。

其中闽西土楼体量巨大，造型浑朴；江南临水民居小巧玲珑，倒影增辉，都可称为古代民居的精品。而一些少数民族住宅，如傣族的干阑竹楼，壮族的麻栏木楼，藏族的石砌碉房，维吾尔族的阿以旺土坯砌住宅，蒙古族和藏族的圆、方形毡帐等，都是由不同功能房间聚合成的单幢建筑，也都独树一帜，各有千秋，与院落式住宅共同形成了中国古代民居丰富多彩的面貌。

中国地域广大，民族众多，不同的自然地理环境与民族风俗，使得分布在各地的民居在遵循传统建筑基本规律的前提下，具有浓郁的地域特色和民族风情。这些民居不仅建筑考究，而且种类繁多，以下选择其中较有代表性的几种进行介绍。

11.3.1 北方四合院

中国北方的传统民居，总的特点是以院落(或天井)为中心，按南北轴线对称布置建筑和庭院，大型住宅可向纵深和横向延展，依内虚外实的原则和中轴对称格局规整地布置各种用房。其中，北京四合院长期处于都城所在地(见图 11-33)，严格地说是古代的城市住宅，在土地有限的城市中，却延续了用单层建筑平面展开的布置方法，并成为中国古代居住建筑的典型，这是一个奇迹。

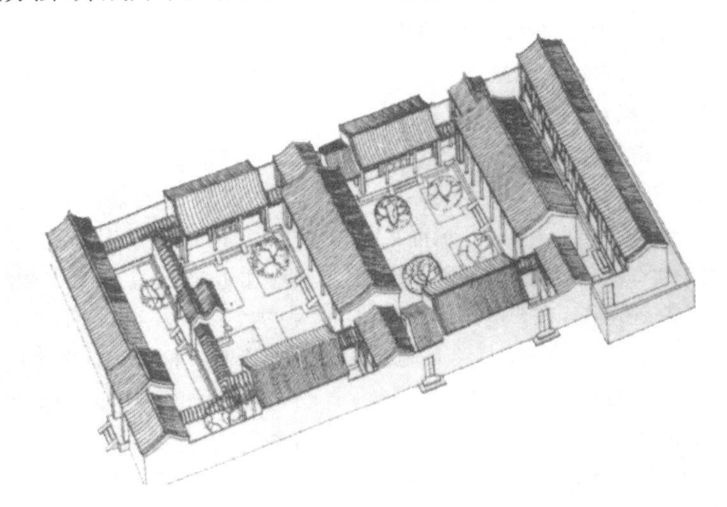

图 11-33　四合院平面图

北京四合院大门开在东南角(见图 11-34)，按风水学说和八卦方位，这是最吉利的“坎宅巽门”，可以带来财运。进门后迎面是一堵饰有精致砖雕的影壁，古代使用影壁的主要目的是避邪，从空间艺术上来说，可以增加空间变化和隔绝外部视线，满足了家庭住宅对私密性的要求。

院西是一个小而窄的前院，院南的倒座房作为外客厅、书塾、账房或杂物间。前院北端是宅院的二门，它位于中轴线上，前檐左右两根柱子不落地而垂在半空，柱下端雕成花形，因而又称“垂花门”，大都建造华丽，是宅院的装饰重点。垂花门是分隔内院与外院、内宅与外宅的一道分界线，在有厅堂的多进院落中，则将垂花门移到厅堂之后，成为“前堂后寝”格局中的寝门。

垂花门内就是四合院的主庭院，庭院内栽植花木，营造安静舒适的居住环境。庭院北面坐北朝南的正房是整个四合院的主体，由于明清时期房屋等级规定“庶民庐舍不过三间五架”，大多都是三开间，两

图 11-34　北京四合院大门

侧设有毗连的耳房。厢房对称地坐落在庭院两侧。正房后有小院，小院内的一排房子叫“罩房”，作为宅院的最后一进。

四合院内房屋都按尊卑、长幼的次序安排使用：正房内居住的是宅主（长辈），当中的堂屋供奉祖先的牌位，如同小型的祠堂；正房两侧的厢房供晚辈居住。其他房屋不论开间、进深尺寸还是高矮、装修做法等方面都低于正房。这样的安排，形成了明确的主从、正偏、内外关系，突出了对祖宗的尊崇和父权的威势，因而正房不仅是实际家庭生活的中心，也是家族精神的象征。

除北京四合院外，冀南和晋陕豫等地夏季炎热，故院落设为南北窄长，以遮挡烈日；西北地区的甘肃、青海地区为御寒防沙，院墙高厚，称为“庄窠”；东北地区地广人稀、气候寒冷，为便于更多地采纳阳光，宅院常十分宽大。可见，各地的四合院都有着不同的特点，以适应不同的环境需要。

11.3.2　西北窑洞

中国黄河中游的陕西、山西、河南一带，全部或部分处于黄土高原地区，气候干燥少雨，黄土直立性好，易于挖掘，并具有防寒、保暖的特性。当地百姓根据这一自然条件，创造了窑洞式住宅。

窑洞民居是一种高度反映自然生态、依附于大地的民居形式。它没有一般建筑的形体与轮廓，充满了粗犷、淳朴的乡土气息。窑洞民居分为靠崖窑、天井窑和锢窑三大类。

图 11-35　靠崖窑——山西师加沟窑洞民居

靠崖窑是直接挖掘横洞成窑（见图 11-35），窑洞呈长方形，高和宽均约三四米，深七八米（也有达十多米的），洞顶为圆拱形，洞口安装门窗，就成了一间住房。一间不够，就沿着土崖再挖几间,排成一行。它们依山沿沟,高低起伏。在土壁深厚的窑洞上可以再挖窑洞,用坡道或砖梯与地面相连,也可以在内部用楼梯直接相通。窑洞外多由土墙围成小院,或者与锢窑组合成三合院、四合院,甚至两进院等大型住宅。

天井窑是在平坦地带挖出下沉院落(见图 11-36),深约七八米,宽度广度约十五米,院落呈方形或长方形,并在方井的四壁往里挖洞作住房。出入地坑的长长梯道有的在院内,有的在院外经过洞进入院子;有的直进,有的拐角,还有的回转,形式各异。这种独立的地下四合院,多见于缺少天然崖壁的地方。人在地面,只能看见地院树梢,不见房屋,因此有人形容其为"不见人影,只闻犬吠"。

图 11-36 天井窑——河南陕县天井窑民居(见彩图 25)

锢窑实质上是用土坯、砖石建造的房屋,券顶上覆土层。锢窑最普遍的形式是二三孔锢窑,并以此为基本单元组成二合院或四合院;也有与木构架房屋结合的,往往也是以锢窑为上房。

虽然窑洞民居建筑形式与其他民居截然不同,但就空间组合来看,仍不失传统民居的特色。许多窑洞都以北窑为上,用作起居室或长辈的卧室;东西厢窑洞为卧室、厨房或储藏室;南边除入口外多用作厕所、畜圈等;大门置于院子的东南角。其空间关系很像四合院住宅。

11.3.3 徽州民居

典型徽州民居的平面布局采用天井院落形式(见图 11-37、图 11-38)。这种院落结构流行于江苏、浙江、安徽、江西一带。一般正对大门入口,里面就有一个天井。天井是住宅的中心,各屋都向天井排水,当地人称之为"四水归堂",有财不外流的寓意。然后是半开敞的堂屋,左右有厢房,堂屋后是楼梯、厨房等,也有的把楼梯设在厢房与正屋之间;楼上有一圈廊,空间布局与楼下相同。住宅周围以白色高出屋面的墙围起,青瓦白墙,高低错落,给人以清新隽逸、淡雅明快的美感。

徽州多商贾,民居多为富商所建,多在天井院里雕梁画栋以显示权势与财富,因而徽州民居以木、砖、石"三雕"著称。为防止邻人失火殃及自家或自家失火连累邻居,人们修建了高耸的封火山墙,但也衍生出一种装饰形式,如各种马头墙(见图11-39)、弓形墙、云形墙等,以其起伏变化体现了徽州民居独特的韵律感。

图 11-37 西递后溪景区(见彩图 26)

图 11-38 宏村承志堂

图 11-39 马头墙(见彩图 27)

随着西递、宏村被列入世界文化遗产名录，徽州民居逐渐被人们所认识。这些古民居充分展示了独具特色的地域文化，由此形成的浓郁的传统文化氛围，仿佛是在人类文明飞速发展中无意间遗落下的一幅迷人长卷。置身于这些古村落，如同徘徊在久远的中国历史文化长廊。

11.3.4 浙江黄坦硐民居

浙江民居多依山傍水而建，且多为楼房，一般采用穿斗式、抬梁式混合结构。浙江民居造型优美，内容丰富，既有深宅大院，又有小巧玲珑的南方天井院建筑；既有枕河而居的水乡民居，也有藏于幽静树林中的古村落。最近开始被人们关注的黄坦硐古村落民居给我们提供了一个新鲜的实例。

黄坦硐位于温州市乐清灵山景区最北端，这里石奇水美，林木茂盛。村内古屋、古木雕装饰以及古老的风俗文化存留尚好。古宅数量众多，极具明清建筑特点。住宅为穿斗式木结构，外墙多由黑色的石块砌成，远远望去，如被风化龟裂的石窟(见图 11-40)。整个古村落四面环山，只有四条小路穿过窄窄的山路，通向外面的世界。村落空间封闭而幽静，俨然一处世外桃源(见图 11-41)。

图 11-40 黄坦硐民居

图 11-41 黄坦硐古村落

11.3.5 福建土楼

福建南部永定、龙岩、彰平和漳州一带，散布着许多客家土楼住宅(见图 11-42 至图 11-44)。土楼体量高大，通常是三到四层，总高可至十二三米，外墙是厚达一两米的坚实夯土墙，是中国各地民居中颇具特色的一种建筑形式。福建土楼最有代表性的形式主要有三种：圆楼、方楼与五凤楼，此外还有许多变异的形式。

土楼的建造者以从魏晋时代开始因战乱而逐步南迁的中原汉族人——“客家人”为主。由于社会不稳定，匪盗迭起，这种聚族而居、可容纳数百人的堡垒式住宅，有利于客家人防卫械斗侵袭。

客家人“根在中原”，南渡的客家先民主体成分是中原的衣冠士族、官宦大户，客家人对于其先人作为中原衣冠士族的那段历史是引以为荣、念念不忘的。客家文化尽管随着历史的变迁，不断变化、发展，却仍然与中华民族的传统文化息息相关，处处受到中原封建礼制的影响。这种影响也反映在土楼建筑的形制上，体现为中轴对称、强烈向心、完整统一、主次分明等特点。

圆楼的代表是福建永定县的承启楼。承启楼建于清康熙四十八年(1709)，历时 3 年完工，直径达 62.6 米。承启楼共有 4 环，外环共 4 层，底层是厨房，二层是仓库，三、四层是卧室，每层都有前廊环通；二环、三环都是单层；最里面一环是全楼的祖堂，与上楼南面的大门处在一条中轴线上。

图 11-42　福建初溪土楼群

图 11-43　福建永定振成楼(1912 年)

图 11-44　永定县湖坑侨福楼内景

方楼四面高三到四层，内院也都在正对大门的中轴线上设置祖堂。大多数方形土楼的外围和内院中部有附加的建筑物，当地人称其为“厝”，这些附加建筑与土楼相结合，体现了一种主从关系，创造了丰富多彩的空间形式及优美的群体建筑，成为土楼院落不可分割的一部分。

五凤楼是闽西南土楼中一种很突出的形式。在中轴线上分列三堂，下堂为门屋，地势稍低；中堂为祖堂,作为接待宾客、举行宗法典礼的场所,是全宅的中心,地势稍高;后堂为三至五层的主楼,高矗在中轴线的北端,是族内尊长的居处,为全宅最高建筑。三堂之间由廊庑连接,围合成两个院落。左右建二列屋顶为阶梯状横屋,由三层逐步递落为两层、单层,犹如三堂的两翼,是辈分较低者的住处。

五凤楼的“五凤”分别指五种不同颜色的“鸟”:赤、黄、绿、紫、白,同时也象征着东、南、西、北、中五个方位(见图 11-45),也反映了这种住宅具有中轴与左右前后四个方向一体有序的特点。五凤楼在外观上层层叠叠,高低错落,看起来犹如一片气势恢宏的府第、宫殿,又好像欲展翅飞翔的凤凰。它的房间等级有明显的差别,充分体现了“礼别异,卑尊有分,上下有等,谓之礼”的社会伦理观念。五凤楼是最早出现的福建土楼的形态,因此它与中原传统建筑的联系也最紧密,演变到方楼、圆楼后,福建土楼民居的形态才彻底改变。圆楼与方楼除了居中的祠堂处在至高无上的地位外,家族内部的尊卑秩序几乎看不到了,一律是大小一致的卧房环绕中心布局。尤其是圆楼,除了祖堂有明显的等级标识之外,所有的居住空间不分辈分大小一律均等,同样大小的房间,同样大小的居住单元,不讲朝向,不论方位。

图 11-45　福建五凤楼

中国古代对于房屋等级有着极其严格的规定。如宋制规定:“非官室寺观,毋得彩画栋宇及朱黔漆梁柱窗牖,雕镂柱础。”明制规定:“庶民所居房舍不过三间五架,不许用斗拱及彩色装饰。”而土楼雄伟壮丽,其庞大的规模远远超出其他地区的普通民居,建筑本身及其装饰均明显不符合历代政权对民居的具体规定。究其原因,首先,闽西南乡村地处偏僻,所谓“天高皇帝远”,王法有所不及,官方的住宅等级制度难以得到落实;其次,现存的土楼多建成于清代,土楼突破“定制”,也许是一向以纯正汉人自居的客家人不愿臣服于满族政权的表现。

夯土而成、高大如城池的建筑,并延续使用了数百年仍坚实不败,确实令人感到神奇;在同一个屋顶下,数百户人家和睦相处,从事生产劳动,共同抵御外来的攻击,更是令人赞叹不已。

11.3.6　湘西民居

湘西地处武陵山东南坡,多河流,盛产木材,民居大多以木材构筑。湘西民居多为干栏式住宅,这种住宅形式起源于中国南部和西南的广西、湖南、贵州、云南等地的少数民族地区。干栏式住宅多以单幢形式建造在山坡上，房屋由木材建成，分上下两层，下层架空，用作猪、牛等牲畜棚和堆放杂物之用；上层住人，有客堂与卧室，四周往往向外悬挑空廊，从而获得更多的面积。外廊的柱子有的不着地，外廊重量全靠挑出的木梁承受；这种住宅往往里边靠在山坡上，外边悬空不落地，所以当地人称之为“吊脚楼”(见图 11-46)。吊脚楼是湘西民居的一大特色，它的优点是人畜分开，人居楼上，有利于通风避潮，也有利于防止山林野兽在夜间的侵袭。湘西民居的造型朴实简洁，自由灵活。步入湘西少数民族的村寨会发现：寨层层重叠的马头墙高低错落，掩映在绿树青山与蒙蒙雾气之中；轻灵秀美的吊脚楼，或融合在奇峰怪石间，或依附于河滩溪水旁。湘西民居和其他优秀民居一样有着宜人的尺度，建筑与环境协调统一，材料、质感、色彩与自然融为一体。

图 11-46　吊脚楼

11.3.7　蒙古包

在中国北部和西北部的内蒙古和新疆地区，居住着蒙古族和哈萨克族，他们放牧牛、羊、马等牲畜，过着逐水草而居的游牧生活。他们的住房是为这种生活而建的毡包，因为毡包在蒙古族中用的最普遍，因此俗称“蒙古包”(见图 11-47)。蒙古包是一种圆形的活动房屋，由于其外形隆起，所以古人称之为“穹庐”。蒙古包的直径多为 4～6 米，高约 2 米，用木条编成网架，外面蒙上羊皮或毛毡。其上覆盖一个伞形的活动屋顶，顶端留有开闭方便的圆形天孔，既是采光、通风口，也是排烟口。蒙古包内正对入口是主人的居处，全包的中央是做饭取暖的火塘火架，地上和四壁往往铺挂色彩鲜艳的毡毯，使得小小的空间显得热烈而温暖。

蒙古牧民一般一年要迁移两次：五月天气渐暖，要找一个水草丰美、适合放牧的地区；十月凉风吹来，又要找一个过冬的地方。蒙古包的拆装只需一两个小时，十分方便，迁移时用驼车或马车运送。在蓝天与草原的衬托下，三五成群的蒙古包(见图 11-48)像白色的珍珠装点在草原绿色的背景上，构成一幅令人心旷神怡的画面。

图 11-47　蒙古包内景

图 11-48　蒙古包

11.3.8　云南傣族竹楼

傣族是云南地区的一个古老民族，主要聚居在云南西双版纳傣族自治州和德宏傣族景颇族自治州。那里地势平缓，澜沧江、瑞丽江贯穿其间，雨量充沛，竹木茂密。

竹楼多采用歇山屋顶，脊短坡陡，出檐深远，四周并建偏厦，构成重檐，防止烈日照射，使整栋房屋的室内空间都笼罩在浓密的阴影中，以降低室温。灵活多变的建筑体型、轮廓丰富的歇山屋顶、遮蔽烈日的偏厦、通透的架空层和前廊，在取得良好的通风遮阳效果的同时，形成强烈的虚实、明暗、轻重对比，建筑风格轻盈、通透、纤巧(见图 11-49)。

傣族村寨多分布于广阔的原野上或清澈的溪流旁，便于生产、生活和洗浴。由于傣族主要信仰原始宗教和小乘佛教，因而村寨的路口或高地上多为造型别致的佛寺和笋塔。

村寨里每一户都用竹篱围成单独的院落，院内种植热带果木。房屋多用竹子建造，所以称为“竹楼”。竹楼属于干栏式住宅，平面近方形，为了通风散热和防潮，底层架空，用来饲养牲畜和堆放杂物。由木楼梯登上前廊，前廊是进入室内的过渡空间，前廊有顶，周围以栏杆围合，空气流通，光线良好，是主人待客、纳凉和日常活动的地方。外有露天的晒台，用来存放水罐、晾晒衣物。室内是堂屋和卧室，堂屋内设火塘，煮饭烧茶，供一家人使用(见图 11-50)。竹楼群在翠竹椰林的掩映下显得亲切自然，处处洋溢着傣族风情(见图 11-51)。

小　　结

中国建筑是世界建筑史上的一个独特体系，它是中华民族数千年来世代经验的积累，并对周边的国家和地区的建筑文化产生过深远的影响。

殷墟遗址考古证明，最迟在公元前 15 世纪，这个独特的建筑体系已经基本形成了，它的基本特征一

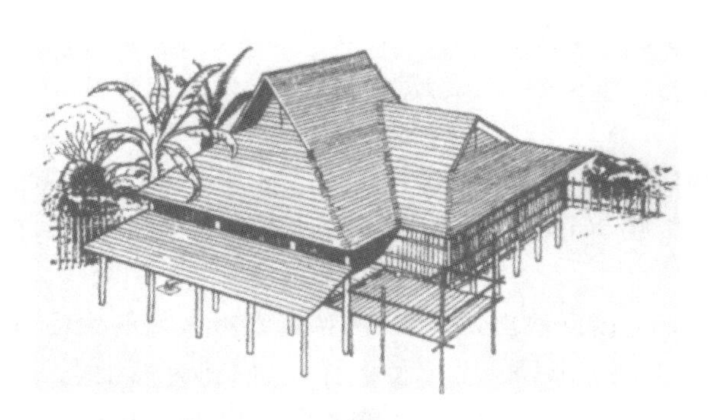

图 11-49 竹楼轴侧图

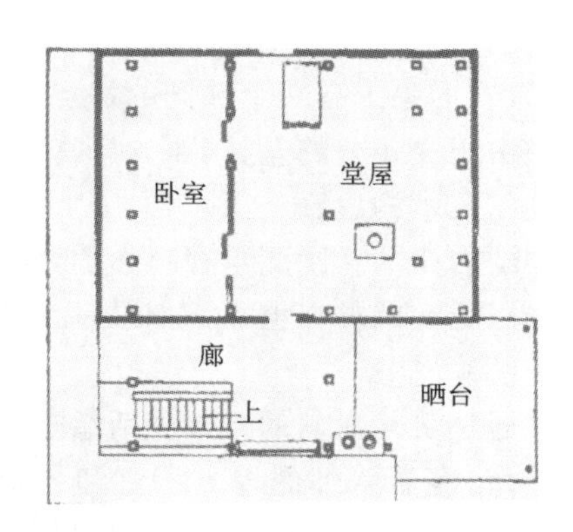

图 11-50 竹楼平面图

图 11-51 云南傣族村寨(见彩图 28)

直保留到了近代。概括中国传统建筑的特点,那就是:“三段式”的立面构图;以“间”为单元的建筑单体和围绕院落或天井布置的群体艺术;以木构架为主的结构方法,包括梁柱、斗拱、屋架举折形成的屋顶曲线;加之活泼的饰物及鲜明的建筑色彩。中国建筑很早就将结构、构造、艺术处理和社会意义有机地结合起来,这种有机性是非常值得我们学习的。

中国传统建筑类型主要有坛庙、陵墓、宫殿以及宗教建筑、园林和民居建筑等。

坛庙、陵墓和宗教建筑是中国古代重要的纪念性建筑。它们以群体布局的空间处理,深刻地反映出古代的宇宙观和生死观。这些建筑在基址选择、环境设计以及在空间、尺度、色彩处理等方面都富有特色和创造性。

中国宫殿建筑是中国传统建筑之集大成者,是帝王权威和统治的象征。综观西方和中国的宫殿建筑艺术,在形象上有一个共同的特点,即都十分注重渲染建筑雄伟壮丽的效果,以表达王权的至尊和永恒。但由于文化上的差异,西方皇宫更多强调的是某一单体压倒一切的气势,而中国宫殿更重视整体建筑序列的艺术构思。

中国古典园林则更重视自然美,崇尚意境,追求曲折多变以及创造“虽由人作,宛自天开”的精神品格。中国古典园林在世界园林史上产生过很大的影响,如英国的风致园和日本的回游园等就深受其影响。

民居建筑与人们的日常生活结合得最紧密,它能直接反映出特定时代、特定地区人们的生活方式和居住习俗,有着浓郁的地方特色和乡土气息。我国幅员辽阔,民居类型多样,它们在自然生态、环境利用、材料选择和经济实用等方面积累了丰富的经验。因此在强调地域性文化的今天,如何保护和利用传统民居是一个重大的课题。

思 考 题

1. 简述中国古代建筑的“间”与“架”。
2. 中国古代木构架的主要形式有哪些?
3. 如何理解中国古代建筑结构构件与装饰的统一。
4. 简述中国古代建筑屋顶有哪些形式。
5. 佛光寺大殿的建筑成就有哪些?
6. 简述故宫建筑群的整体特点。
7. 中国有哪些典型的民居建筑。
8. 简述徽州民居的艺术特色。

12 新古典主义和浪漫主义建筑

12.1 新古典主义建筑

18 世纪 60 年代至 19 世纪末，古典主义在欧美得以复兴，推崇古希腊、古罗马时期的人体美尺度，强调外形的端庄与雄伟，立面造型强调统一与稳定。

12.1.1 巴黎雄狮凯旋门(Arch of Triumph)

法国大革命之后，特别是在拿破仑于 1804 年成为法国皇帝之后，大革命的激情和盖世军功的结合使法国新古典主义演变成了拿破仑的“帝国风格”。

1806 年，拿破仑下令兴建巴黎雄师凯旋门作为战无不胜的法国军队的纪念碑。这座凯旋门由沙尔格兰(J-F-T. Chalgrin，1739—1811)设计，高 49.4 米，宽 44.8 米，厚 22.3 米，其中正面券门高 36.6 米，宽 14.6 米，尺寸远远超过了高 21 米、宽 25.7 米、厚 7.4 米的古罗马最大的君士坦丁凯旋门。它采用新古典主义高度净化的几何性构图，除了表现法国军队不可战胜的英雄形象的浮雕之外，几乎没有多余的装饰，更使其具有一种超凡脱俗的雄伟气概。

1848 年，拿破仑的侄子拿破仑三世上台执政后，委托奥斯曼进行巴黎城市改造，其中一项就是围绕雄师凯旋门修建星形广场[I'Etoile，1970 年改名为戴高乐广场(Place Charles-de-Gaulle)]和 12 条放射性大道(见图 12-1)。在此衬托下，凯旋门显得更加雄伟壮观，成为法国人民的骄傲。

图 12-1 凯旋门与星形广场(见彩图 29)

12.1.2 柏林勃兰登堡门 (Brandenburg Gate)

德国新古典主义最早的作品是采用希腊多立克柱式的柏林勃兰登堡门(见图 12-2)，建于 1788—1791 年。

图 12-2 柏林勃兰登堡门

12.2 浪漫主义建筑

浪漫主义是 18 世纪下半叶到 19 世纪上半叶活跃在欧洲文学艺术领域的另一种思潮，其在建筑形式上表现为模仿中世纪的寨堡或哥特风格，或追求非凡趣味和异国情调。

12.2.1 巴伐利亚的新天鹅城堡(Schloss Neuschwanstein)

最浪漫的哥特复兴建筑当属德国巴伐利亚的新天鹅城堡(见图 12-3)，它是由有“童话国王”之称的巴伐利亚国王路德维希二世于 1869—1886 年建造的。

12.2.2 伦敦的英国国会大厦(Houses of Parliament)

哥特复兴建筑最有名的作品是英国国会大厦(见图 12-4)。这座于 1834 年旧国会大厦被烧毁后重建的建筑由古典主义建筑师巴里设计，原先计划采用古典主义样式。但恰逢英国同拿破仑的生死战争结束不久，在这场战争中所激发起的英国国民的民族精神依然强烈，需要一种与拿破仑的新古典主义相区别的建筑形式与之对应，因而哥特复兴建筑成为理想选择。哥特复兴建筑师帕金被召来与巴里合作，他们共同完成了这座既有鲜明的哥特风格，又极富古典主义魅力的杰作。

图 12-3 巴伐利亚的新天鹅城堡

图 12-4 英国国会大厦

12.3 折中主义建筑

浪漫主义的最后一个阶段又被称为“折中主义”(Eclecticism),是19世纪上半叶兴起的另一种创作思潮。折中主义为了弥补古典主义与浪漫主义在建筑上的界限,曾模仿各种建筑风格,或将其自由组合,所以也被称为“集仿主义”。折中主义的建筑并没有固定风格,它追求比例的推敲与“纯形式”的美。但它仍然没有摆脱复古主义的范畴。

12.3.1 巴黎加尼耶歌剧院(Opera de Garnier)

既然古希腊、古罗马、哥特式甚至东方风格都已成为可以自由选择的样式,那么历史上的任何一种形式都可以被选择。人们甚至对历史上的各种样式进行了总结,如文艺复兴样式雄伟高贵,适于建造宫殿和政府大楼;巴洛克样式珠光宝气,适于建造剧场和歌剧院;哥特样式最能体现对上帝的敬仰,建教堂则是再合适不过。当时的一位诗人缪赛不无讽刺地形容道:“我们拥有除我们自己的世纪以外的一切世纪的东西”。没有了拿破仑一世,法国新古典主义已不再盛行,折中主义开始大行其道。由加尼耶(C. Garnier,1825—1898)于1861—1874年设计建造的巴黎加尼耶歌剧院是折中主义最负盛名的作品,其正立面(见图12-5)效仿古典主义的卢浮宫东廊,细部的做法兼有米开朗琪罗手法主义的特征,内部则是典型的巴洛克风格,尤其是有着三折楼梯的楼梯厅,更是巴洛克艺术极盛时期的真实写照。

12.3.2 布赖顿皇家别墅(Royal Pavilion)

对古老东方艺术的探奇在建筑领域也有体现,1815—1822年由纳什(J. Nash,1752—1835)设计的布赖顿皇家别墅(见图12-6)就是一座以印度莫卧儿王朝建筑风格为样板的独特建筑。

图 12-5 巴黎加尼耶歌剧院

图 12-6 布赖顿皇家别墅

小　结

意大利文艺复兴创造了以古典建筑形式为基础的明朗开阔的建筑风格，其后期趋向于巴洛克主义。为了体现法国封建王权的尊严，法国古典主义建筑强调轴线对称，推崇几何形体。大约 18 世纪 60 年代至 19 世纪末，古典主义在欧美又得到复兴。法国古典主义推崇古希腊、古罗马时期的人体美与尺度，强调外形的端庄与雄伟，立面造型强调统一与稳定。

浪漫主义是 18 世纪下半叶到 19 世纪上半叶活跃在欧洲文学艺术领域中的另一种思潮，它在建筑上表现为模仿中世纪的寨堡或哥特风格，后期浪漫主义又称折中主义，折中主义模仿各种建筑风格，或将其自由组合，所以又被称为“集仿主义”，不论是古典主义、浪漫主义还是折中主义，其建筑风格都是在旧形式中徘徊。

当社会处于快速发展状态时，人的价值关系也处于快速发展之中，这时浪漫艺术较为流行；当社会处于相对稳定状态时，人的价值关系也处于相对稳定之中，这时古典主义艺术较为流行。不过，艺术的发展与它所反映的价值关系的发展往往是不同步的，通常要滞后一段时间，因此艺术的思潮和流派通常要相对滞后于它所反映的价值关系的发展步伐，而建筑艺术的发展往往滞后于音乐、绘画等纯艺术形式。

思 考 题

1. 举例说明什么是古典主义建筑。
2. 简述什么是浪漫主义建筑风格。
3. 举例说明折衷主义建筑风格。

13 探索新建筑

到了20世纪，一场从未有过的建筑革命出现了。近现代建筑的出现有其深刻的社会文化原因：一方面，资本主义社会产生了大量新的建筑类型，如车站、码头、商场、展览馆及现代住宅等，它们数量大、工期紧、讲究经济效益；另一方面，钢铁、水泥、玻璃等新型建筑材料和新技术、新设备的出现必然会导致新的建筑形式出现。

13.1 生铁和玻璃建筑

在以新古典主义和浪漫主义为代表的建筑仿古运动随着资本主义经济的高速发展而热火朝天地进行的同时，一场建筑历史上划时代的大变革也在悄悄地拉开帷幕，为这场革命奠定技术基础的是钢铁材料的应用。

早在公元前4000年，中东的某些部落已经开始学习用铁。从那以后，铁逐渐成为人类制造工具和武器的主要原料。长期以来，人们一直使用木炭炼铁，不仅大量消耗了森林资源，而且炼出的产量低，质量也不高，制约了铁技术的使用和发展。1709年，英国人达尔比发明了焦炭炼铁法，而焦炭可以从焦煤中大量获得，因而极大地降低了铁的成本，有力地推动了始于1760年左右的英国工业革命。

13.1.1 伦敦世界博览会水晶宫（Crystal Palace）

1851年，在英国伦敦举办的世界博览会展馆建筑给人们留下了深刻的印象。为了建好这座专门用于展示工业革命的空前成就的巨型建筑，众多欧洲建筑师参加了设计竞赛，一共提出245个方案。但由于建造工期要求极短，传统方案无一能够满足要求。迫于无奈，组委会采用了唯一可行的由园艺师帕克斯顿提出的玻璃温室式的设计方案。这是一个完全由玻璃和铁架建构的庞然大物（见图13-1），全长达564米（即1851英尺，象征这个值得纪念的年份），宽124米，建筑面积共达7.4万平方米。如此庞大的建筑，构造却十分灵巧。采用模数制，几乎所有的构件都可以在工厂中成批生产，而后运到现场按次序进行组装，仅用了四个月的时间就全部建造完毕。整座建筑共采用了9.3万平方米玻璃，由于通体透亮，被恰如其分地称为“水晶宫”。在建造过程中，为了保留基地上的一组大树以平息反对博览会的保守的公众舆论，帕克斯顿巧妙地搭建了一个拱顶的中央通廊，反映了新型模数制组装建筑无可比拟的灵活性。尽管在经过将近一个世纪后，水晶宫的诸多优势才真正被认可，但它的成功建造预示着建筑历史的新纪元已经到来。

博览会结束之后，水晶宫按原定计划被迅速而完整地拆除，并迁移到另一个地方重新组装搭建，直到1936年毁于大火。

13.1.2 伦敦圣潘克拉斯火车站（St. Pancras Station）

火车站站台的设计也为新式玻璃和铁架建筑提供了舞台。1863—1865年由工程师巴尔罗（W. H.

图 13-1 伦敦世界博览会水晶宫

Barlow)建造的伦敦圣潘克拉斯火车站站台大厅(见图 13-2)就是一座用铁和玻璃建造的新式建筑。它与用哥特复兴样式建造的车站主楼形成了巨大的反差,同时,74 米的室内跨度使之超越了用传统材料建造的任何一座古代建筑。

图 13-2 圣潘克拉斯火车站站台大厅

13.1.3 巴黎世界博览会机械展览馆(Gallery of Machines)和埃菲尔铁塔(Eiffel Tower)

19 世纪最具有划时代意义的铁造建筑同样诞生于博览会。作为向英国工业产品和其贸易统治地位挑战的宣言,1889 年,法国大革命 100 周年时在巴黎举行的世界博览会具有重要的象征意义,其中的两件展览建筑给人们留下了深刻的印象。由工程师康泰明 (V. Contamin,1840—1893)和杜脱尔特(C. L. F. Dutert,1845—1906)设计的机械展览馆长 420 米,高 45 米,跨度达到 115 米。它首次采用三铰拱的原理,利用铁的抗压性能,逐渐变细的铁架支点末端承受了 120 吨的集中压力,充分展现了结构和力量之美,实现了与传统金字塔式建筑迥然不同的形式及审美上的彻底创新。这座机械馆同水晶宫的命运一样,展会结束后就被拆除,但同时建造的另一座展览建筑,以其建造者埃菲尔(G. Eiffel,1832—

1923)名字命名的埃菲尔铁塔(见图13-3)却由于无线电的发明而被作为发射塔,并幸运地保存了下来。这座由 15 000 件铁件、250 万根铆钉铆接而成的重 7000 吨的巨构高达 300 米,以超乎一切的气势成为巴黎进入新时代最有力的象征。

图 13-3 埃菲尔铁塔(见彩图 30)

13.2 英国工艺美术运动

13.2.1 红屋(Red House)

尽管水晶宫、机械展览馆和埃菲尔铁塔都取得了巨大的成功,但在整个 19 世纪,新式建筑只能在类似展馆这样有限的领域内崭露头角,绝大多数的建筑师对由新材料和新技术所带来的风格和美学上的变化无动于衷,传统的材料与哥特式、文艺复兴式以及巴洛克式等建筑形式仍在建筑中占据统治地位。但也有一部分建筑师和艺术家开始思考和探索,试图找到一条适应社会发展的新道路,英国人拉斯金(J. Ruskin,1819—1900)和莫里斯(W. Morris,1834—1896)就是这些早期探路者之一。

拉斯金对当时流行的折中主义十分反感,认为这些为少数人服务的东西根本不是艺术,但与此同时,他也反对在他看来只能带来粗制滥造的劣质产品的工业化大生产。他主张艺术家应该师法自然,推崇在他看来是艺术与自然完美结合的典范的中世纪手工艺时代。作为拉斯金的学生,莫里斯也持有同样的看法,如他曾将水晶宫斥之为“可怕的怪物”。不仅如此,莫里斯还身体力行地投入到一场为平凡大众服务、以师法自然的手工艺制作为特点的“工艺美术运动”中去。

莫里斯的设计生涯开始于为他自己的居室所做的室内设计中。1859—1860 年,在他的好朋友韦伯的协助下,莫里斯在伦敦郊外的新婚住宅(见图 13-4)建造完成。这座住宅摒弃了古典主义的立面和细部装饰,房屋的外形直接反映了内部的使用要求,大坡面屋顶具有浓郁的中世纪气息,表面为不加粉饰和贴面的本地产红砖,与自然环境十分贴近,并因此得名“红屋”。莫里斯有句名言:“不要在家里放一件虽然你认为有用,却认为并不美的东西。”他注重功能与美的统一,但他认为要达到这一目的,只有通过艺术家“快乐地”手工劳作和创造,工业生产的产品则不可能达到这一点,因为在冷酷的机器面前,操作者是没有乐趣和创造可言的。出于这样的想法,莫里斯和他的朋友们亲自动手设计制作了包括家具、灯具、餐具、墙纸和地毯在内的几乎所有内部设施。

13.2.2 莫里斯公司

红屋的建造促使莫里斯把手工艺设计和制作推广到社会中去,使之能为更多人服务。1861 年,莫里斯和他的两个朋友一起组建了“莫里斯、马歇尔和福克纳公司”,专门从事室内装饰和各种手工艺品的设计制作。这是世界上第一家专由艺术家进行设计活动的设计机构。1875 年,莫里斯成为重组后的“莫里斯公司”的唯一主人。到 1896 年莫里斯去世时,莫里斯公司已经生产了大量具有自然主义特征的手工艺产品。

图 13-4 红屋

13.3 高迪

西班牙人高迪(A. Gaudi 1852—1926)是新艺术运动最伟大的艺术家,从 19 世纪的最后几年到他去世,高迪以其超凡的想象力为他所在的城市设计了一批梦幻般的作品,将新艺术运动反传统的曲线造型和“自然”表现特点推向了极致。

13.3.1 巴塞罗那的巴特洛公寓(Casa Batllo)和米拉公寓(Casa Mila)

1905 年起,巴特洛公寓和米拉公寓(见图 13-5)的先后创作标志着高迪风格到达成熟的顶峰。在这两座建筑中,巨大的石块被仔细加工成仿佛经过千万年海水侵蚀的岩崖,又如久已废弃的采石场。它们有着骨骼化石般的柱子、海藻般的阳台、犰狳背脊般布满鳞甲的屋顶和岩洞般的内部空间。在高迪看来,建筑不是通过精密计算而建造的僵硬产物,它充满着无穷的力量和生命,是真正的上帝的造物,“直线属于人类,曲线属于上帝”是高迪坚定不移的信条。

13.3.2 巴塞罗那的神圣家族大教堂(Cathedral of the Sagrada Familia)

1926 年 6 月 7 日下午,高迪在例行散步时因车祸去世,时年 74 岁。作为一名虔诚的天主教徒,高迪把他生命的最后几年完全献给了神圣家族大教堂(见图 13-6 至图 13-8)。这座教堂始建于 1882 年,本是一座哥特式建筑。1884 年,高迪加入了这项他付出 42 年心血的工程,并最终创作出了历史上最富个人特色的大教堂。

高迪并未能亲眼看到神圣家族大教堂完工,预定的东、西、南面各 4 座共 12 座高逾 100 米的尖塔只有 3 座在他生前完工。为了纪念他,高迪去世后,他的助手们以及他们的后人仍按照中世纪代代相传的方式完成了高迪生前未竟的事业。

图 13-5　米拉公寓(见彩图 31)

图 13-6　巴塞罗那神圣家族大教堂

图 13-7　巴塞罗那神圣家族大教堂顶部(见彩图 32)

图 13-8　巴塞罗那神圣家族大教堂局部

13.4 赖特的草原住宅

在探索新建筑的道路上，还有一位重要的建筑师，他就是美国建筑大师赖特(F. L. Wright，1867—1959)。1887 年，赖特进入沙利文的事务所学习和工作。在这里，一方面他作为助手参与了许多大型项目的设计，另一方面他将主要精力放在规模较小但数量众多的住宅设计上。在这些住宅设计中，他开始探索一种有别于僵化刻板的欧洲传统风格，真正适合于美国中西部草原的住宅设计方案。1893 年，赖特开始了他为期 66 年的独立设计生涯。

13.4.1 里弗森林温斯洛住宅(Winslow House)

赖特独立开展的第一个项目是 1893—1894 年在伊利诺伊州里弗森林建造的温斯洛住宅(见图 13-9)，这是他后来闻名天下的草原风格的最早体现。从外观上看，这座建筑有着较为平缓低矮的轮廓，细节处理有意强调水平方向的连续性，使房屋更好地与广阔无垠的大草原自然风貌相协调。沿街的主立面非常对称，但在另外几个方向立面上，赖特却进行了自由的非对称处理，以更好地满足内部空间的分布和使用需求。在平面布置上，赖特别出心裁地将壁炉设计在房屋的核心部位，以此组织包括起居室、餐厅、厨房、书房和卧室等房间的布局。他认为通过这样的安排能促进家庭生活的凝聚力。

图 13-9 温斯洛住宅

13.4.2 高地园威立茨住宅(Willitts House)

1893 年，赖特参观了在芝加哥举办的哥伦比亚世界博览会的日本馆，这是一座以京都凤凰堂为样板建造的建筑物。它所表现出的流畅的室内外空间关系、横向伸展悬挑的屋檐、简洁灵活的屏风式墙面以及不施浓饰的朴素构造等给赖特留下了深刻的印象，对他草原风格的最终成熟产生了极大的影响。

温斯洛住宅以后，赖特又设计了大量其他项目。进入 20 世纪以后，他的风格渐趋成熟，并在 1902 年建造的伊利诺伊州高地园威立茨住宅中达到了一个新高度。这座住宅采用了传统美国住宅的十字形平面,这样的平面可以使房间得到充足的光线,是赖特十分喜爱的一种平面形式。其核心也是一座壁炉,可完全根据功能需要确定和安排大小,各房间都围绕这个壁炉布置。有人曾将它与帕拉第奥的圆厅别墅做过对比,圆厅别墅也是十字形平面,中央一个高于一切的圆筒形空腔,这是工业化以前人文主义世界的杰出反映,那时,人占有永恒的居中位置;而赖特的平面使一个现代人的形象处于不断改变和运动之中,如果需要,他会抓住一切似乎稳固的东西而不管这是否是世界的中心。

威立茨住宅的外观(见图 13-10)也反映出赖特的草原风格受到了日本建筑的一定影响。首先,低缓的坡顶、低矮的比例、出挑很大的屋檐以及连续延伸的窗子和平台使得水平方向的舒展流畅自然。其次,注重发挥材料本身的特色,墙面仅以白色粉刷,木框架均保持本色。赖特本人将这样的特点归之为“有机建筑”,但对这个概念,赖特并没有确切的定义。事实上,“有机”这个词可能是 20 世纪使用最广泛的词语之一,使用在建筑上,它的含义可以是拟写自然(如高迪的作品)或使用天然材料或与自然充分协调。按照赖特女儿约凡娜的理解,赖特的“有机建筑”是“为人服务并满足于它的建造目的”,能“真实地体现它的基地环境,并且真实地体现建造它的材料特性”,忠于“局部与整体连续统一的原理”。

图 13-10 威立茨住宅外观

小　　结

西方产业革命和社会革命进一步促进了旧世界的衰退,19 世纪的西方建筑似乎充满了混乱:既有受制于以往建筑风格,在新功能和旧形式之间寻找平衡;也有对新技术和新材料,创造出崭新建筑艺术形象的探索。到了 20 世纪,一场建筑历史从未有过的革命出现了。这是人类建筑史上变化最大、最具前瞻性的时代,一种新的适应世界的设计语汇正在形成。近代、现代建筑的出现有其深刻的社会文化原因:一方面,资本主义社会产生了大量新的建筑类型,如车站、码头、商场、展览馆及现代住宅等,它们数量大、工期紧、讲究效率;另一方面,钢铁、水泥、玻璃等新建筑材料和新技术新设备的出现必然会导致新的建筑形式出现。

思　考　题

1. 为什么说“到了 20 世纪，一场建筑历史从未有过的革命出现了”？
2. 举例说明钢铁、水泥、玻璃等为代表的新材料为建筑艺术带来的变化。
3. 试分析西班牙建筑师高迪建筑作品的艺术特征。
4. 举例分析赖特“草原住宅”的构图特点。

14 现代主义建筑

为期四年主要发生在欧洲最发达地区的第一次世界大战不仅造成人员和财产的重大损失，还极大地动摇了人们对一切传统观念的信任。在这种时代背景下，在以格罗皮乌斯(W,Gropius,1883—1969)、勒·柯布西耶(Le Corbusier,1887—1965)和密斯·凡·德·罗(Mies Van der Rohe,1886—1969)为代表的一代具有民主精神和革新思想的青年建筑师的努力下，以主张服务大众、功能第一、尊重材料——尤其是以钢铁、玻璃和钢筋混凝土为代表的现代材料，强调工艺与结构特点，反对一切历史样式和奢侈装饰等为主要特征的现代主义建筑思想在20世纪二三十年代脱颖而出，成为引导时代发展的主旋律。

14.1 路斯

最早在建筑中反对一切装饰的是出身于石匠家庭的奥地利建筑师路斯(A. Loos,1870—1933)。他不仅坚决反对历史主义，也坚决反对新艺术运动和奥地利"分离派"所采用的"现代装饰"。1908年，路斯创作了著名的《装饰与罪恶》一文，他将历史主义样式中费钱、费心的装饰视为一种罪恶，因为其高成本会将普通人拒之门外。他认为只有少数建筑种类(如陵墓和纪念碑)可以归属于艺术而不计成本，其他类型的建筑都是为实用服务的，因而应当高度简洁。这种思想突出体现在1910年由他设计的斯坦纳住宅(见图14-1)上。这座钢筋混凝土结构住宅的背立面呈现纯净的几何特征，与十年后即将诞生的现代主义建筑几无二致，因而被公认为世界上第一座真正的现代主义建筑。

图 14-1 斯坦纳住宅

14.2 贝伦斯

在第一次世界大战爆发之前的短短几年间，德意志制造联盟中的艺术家们为德国工厂提供了大量优秀的设计作品，开创了现代工业设计的先河。其中，贝伦斯(P. Behrens，1868—1940)是最重要和最有影响的一位。贝伦斯早年曾投身于新艺术运动，是德国新艺术组织青年风格派的重要成员。1907 年，他接受德国通用电气公司(AEG)邀请担任其公司建筑师兼设计师，从此将自己的艺术才华与德意志民族工业振兴紧紧联系在一起。他为 AEG 公司设计了一系列造型简洁、功能优良、具有现代工业化特点的家用电器产品，这些产品的许多构件都具有标准化和通用性特征，可以在不同产品间互换。这是工业产品设计史上一项意义重大的创举，也使贝伦斯成为第一位真正的工业设计师。

14.3 格罗皮乌斯与包豪斯

14.3.1 包豪斯(Bauhaus)

现代主义运动历史上最重要的事件之一就是 1919 年格罗皮乌斯创建包豪斯学校。这所历史上最杰出的设计学校的前身是费尔德于 1906 年创建的魏玛工艺美术学校。第一次世界大战使德国与费尔德的祖国比利时成为交战国，因此费尔德只好于 1915 年辞去校长一职，但他为学校推荐了新的校长人选，朝气蓬勃的格罗皮乌斯就是其中之一。面临战后重建压力的魏玛当局于 1919 年批准了格罗皮乌斯为新一任校长。这时的工艺美术学校已与当地美术学院合并，取名为“魏玛国立包豪斯”。其中，“包豪斯”(Bauhaus)一词是由格罗皮乌斯创造出来的新名词，取自有中世纪建筑工匠行会组织之意的“Bauhutte”一词，可理解为“建筑之家”。

1919 年 4 月，包豪斯宣言发布，宣言强调中世纪的手工艺思想，与之前的工艺美术运动相似。1922 年，格罗皮乌斯纠正了这种观念，指出：“手工艺教学意味着准备为批量生产而设计”，手工艺教学并不排斥机械。包豪斯的学徒从最简单的工具和任务开始，“逐步掌握更为复杂的问题，并学会用机器生产，同时自始至终与整个生产过程保持联系，而一般的工厂工人却从未有机会了解一个工段以外的知识”。格罗皮乌斯认为，让具有创造能力的人“充分自由地利用机械工厂，能够创造出不同于手工生产的崭新形象”。在这种思想指导下，包豪斯几乎荟萃了当时全欧洲所有具有先进思想的艺术家教师队伍，其中包括阿尔贝斯(J. Albers，1888—1976，包豪斯毕业后留校负责基础课程教学)、舍佩尔(H. Scheper，包豪斯毕业后留校任教于壁画车间)、穆赫(G. Muche，画家，1920 年 25 岁即任教于编织车间，是包豪斯最年轻的教授)、莫霍里—纳吉(Moholy-Nagy，1895—1946，匈牙利构成主义艺术家，金属车间教授，包豪斯最有影响的教师和现代设计基础课程的创造者之一)、拜耶(H. Bayer，包豪斯毕业后留校任教于印刷车间)、施密特 (J. Schmidt，1892—1948，包豪斯毕业后留校任教于雕塑车间)、布鲁尔(M. Breuer，1920—1981 包豪斯毕业后留校任教于家具车间)、康定斯基(W. Kandinsky，1866—1944，俄国表现主义画家，壁画车间教授，现代设计基础课程的创造者之一)、克利(P. Klee，1879—1940，瑞士表现主义画家，彩色玻璃车间教授，现代设计基础课程的创造者之一)等。

包豪斯为宣扬现代主义建筑和工业设计思想创作了一大批对现代主义发展有重大影响的作品，培养了一大批具有现代主义思想的杰出人才，将现代主义设计观和教育体系传播到全世界，直至今天，仍在具有重要影响。

14.3.2 德绍包豪斯校舍

1925 年由格罗皮乌斯设计的德绍包豪斯校舍是包豪斯思想的集中反映，是 20 世纪最伟大的现代主义建筑。1924 年，魏玛政权落入右翼政党手中，包豪斯被迫于 1925 年 3 月关闭，并迁往仍由左派政党掌权的德绍市。在德绍市政府的大力支持下，格罗皮乌斯为包豪斯设计了新校舍，于 1926 年 12 月落成使用。

新校舍的设计完全体现了现代主义功能第一的基本原则(见图 14-2、图 14-3)。它的平面完全依照功能进行分区，呈现不规则的风车状，教学车间、学生宿舍和德绍职业学校分别位于风车的三翼，它们之间通过办公楼和食堂加以连接。

图 14-2　包豪斯校舍外观之一

图 14-3　包豪斯校舍外观之二

在高度方面，格罗皮乌斯对不同的功能部分分别采用不同的楼层设计加以区分。教学车间和职业学校均为四层建筑，它们之间的办公部分虽只有两层，但由于下方有街道横穿而被柱廊架高两层，因此与教学车间和职业学校取平。学生宿舍高五层，高于对面的教学车间和办公楼，之间作为连接的食堂为两层，似一把标尺正好衬出所连二楼的差异，营造了高低纵横、错落有致的楼群特点。

在立面处理上，格罗皮乌斯也依据不同部分的使用功能和特点，采用虚实不一的方式进行设计。如教学车间第 2～4 层外立面采用钢筋混凝土悬挑结构，大面积玻璃幕墙不仅突出了结构的特点，而且为内部空间提供了充足的照明。其入口共有两处，一处位于它与办公楼(廊)之间，另一处位于朝外的墙角，楼梯间不对称地向外凸出并被处理成深色实墙，与玻璃幕墙和该立面主体白墙形成对比。其他部分建筑立面也根据需要采用横间长窗或大方窗进行采光，并通过巧妙组合构成一幅幅井然有序又变化不一的生动画面。

校舍的内部装修几乎完全由各个车间师生协作完成，如壁画车间主要承担壁面色彩设计，金属车间制作照明灯具，而大批钢管家具则由家具车间布鲁尔负责设计。

格罗皮乌斯在离校舍不远的地方还设计了四幢教授住宅，其中一幢由他自己使用，另外三幢各由两位教授合住。这些住宅造型简洁，是典型的现代主义风格建筑。

14.4 柯布西耶

14.4.1 勒·柯布西耶早期建筑思想

同格罗皮乌斯一样，瑞士钟表匠出身的建筑师柯布西耶也是一位对现代主义运动做出过不可磨灭的突出贡献的杰出人物。柯布西耶没有受过正规的建筑教育，完全是自学成才，他的现代主义之路是从 1908—1910 年先后进入巴黎的佩雷事务所和柏林的贝伦斯事务所工作开始的。在佩雷那里，他学会了钢筋混凝土的使用；在贝伦斯那里，现代机器化大生产给他留下了深刻的印象。他在这两个事务所工作的时间都不长，却奠定了他设计生涯的基石。1916 年，他又一次来到巴黎。这一次，他结识了许多前卫艺术家，特别是通过佩雷的介绍结识了纯粹主义画家奥尚方。纯粹主义是由毕加索开创的立体主义的一个分支，主要以生活日用品，如烟斗、食匙、水瓶和杯子等作为绘画题材，摒弃复杂细节，回复到最简单的基本几何结构。1920 年，柯布西耶、奥尚方与诗人德米合作编辑出版杂志《新精神》，在杂志的第 4 期中，柯布西耶和奥尚方合作发表了一篇论文《纯粹主义》，文章将纯粹主义延伸至所有造型表现领域，提倡以基本几何形体为主要表现手法的纯粹主义的机器美学。这一美学观点在 1923 年出版的柯布西耶的《走向新建筑》一书中得到了全面阐述。

14.4.2 普瓦西的萨伏伊别墅(Villa Savoi)

1929—1931 年设计于普瓦西的萨伏伊别墅(见图 14-4)是 20 世纪上半叶最杰出的现代主义建筑之一，不仅在各个方面都成为柯布西耶新建筑五要素的典范，同时，其优美和谐的比例、雕塑般灵巧的造型以及与周围环境的完美融合，使其足以与历史上任何一座优秀建筑相媲美，无可争议地证明了现代主义同样可以创造“美”。

图 14-4　萨伏伊别墅

14.4.3　日内瓦国际联盟总部方案(Palace of the League of Nations)

1927 年以后，柯布西耶开始涉足公共建筑领域，并参加了国际联盟位于瑞士日内瓦总部的国际性竞赛。柯布西耶的方案(见图 14-5)将国联总部分解为许多部分，从而形成自由的、不对称的、功能合理并与环境相和谐的设计。这一方案成为柯布西耶早期设计活动高峰的象征，也深得具有革新思想的人士支持，一度在评选中名列前茅，而最后保守的评委竟以图纸格式不符为由否定了柯布西耶的方案。尽管如此，柯布西耶已经使越来越多的人认识到现代主义建筑的先进性。

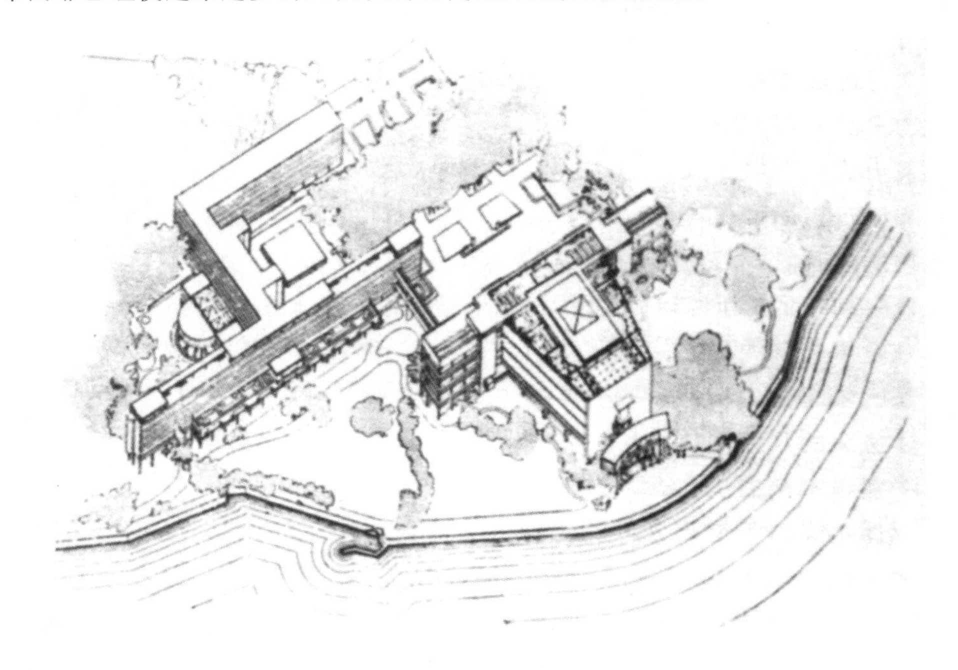

图 14-5　日内瓦国际联盟总部方案

14.4.4 “模数人”(Modulor Man)

20世纪四五十年代,许多现代主义运动时期的干将纷纷前往美国,而柯布西耶坚持留在法国。当现代主义找不到市场的时候,他干脆在家搞起了研究。1942年起,他开始潜心研究人体模数,试图找到一种建立在数学公式和人体比例之间的模数关系,并能用以建筑设计,他期望能向古希腊建筑那样,创造一个人与建筑和谐相处的完美的空间环境。他以一个身高1829毫米的“标准男子”为基准,经过研究他发现,这个“模数人”身上存在着惊人的“模数”(见图14-6):“模数人”舒适坐下时的臀高267毫米除以黄金分割比0.618恰好等于正常坐姿时的臀高432毫米。以这两个数为基准,会得到一系列有趣的数学关系:这个“模数人”的坐姿肘高698毫米恰等于267+432,432+698等于1130毫米是“模数人”站立时肘部平放高,698+1130等于1829毫米就是身高!这一串数字正是按黄金分割数列排列。此外,432的两倍863毫米是“模数人”站立时手臂下垂手掌平放高度,698的两倍1397毫米是“模数人”站立时手臂向前平伸的高度,1130的两倍2260毫米又是“模数人”站立时的摸高,这几个数字同样符合黄金分割数列关系。

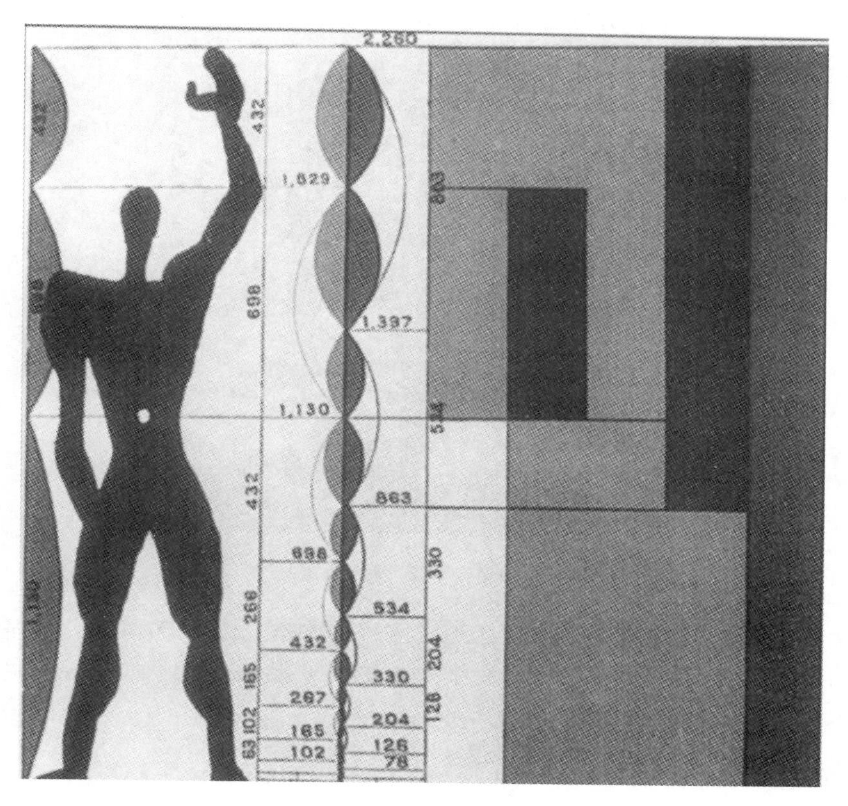

图14-6　模数人

在这些数字的基础上,柯布西耶还进行了进一步的细分,建立了所谓的“红尺”和“蓝尺”模数。应该指出,这是一个过于理想的“标准男子”,大大超出法国男子的平均身高,更不用说占人口总数一半以上的妇女、儿童。但是,它表现出柯布西耶作为建筑艺术家的责任、理想和追求,这是“建筑师”与“制图者”的根本区别。

14.4.5 马赛“联合公寓”(Unite d'Habition)

战争结束后,柯布西耶终于有机会验证他的模数理论了。1947 年,面临战后重建压力的法国马赛市政府委托柯布西耶设计一种新型的大容量住宅。这一刻柯布西耶已经等了 25 年,他要把这个项目设计成一个浓缩的社会,并通过其创造一种新的生活方式,并最终实现现代主义的城市理想。

1952 年,柯布西耶理想中的“联合公寓”(见图 14-7)终于落成。这是一座长 165 米、宽 24 米、高 56 米的 18 层大型钢筋混凝土建筑,共可容纳 337 户 1600 名工人居住。它完全按照“新建筑五要点”和“不动产别墅”的精神建造,底部高高架起,可用于停车。屋顶是空中花园,并设有幼儿园、托儿所、儿童游戏场、游泳池、健身房以及一条 300 米长的环形跑道。第 8、9 两层内还设有商店、餐馆、邮局、旅馆、理发馆和洗衣房等各种公共服务设施。居住用房设在第 2～7 层和第 10～18 层,共设计了 23 种户型,其中大多数采用跃层式构造。最典型的户型是每户占用一层半的空间单元,两户一共三层,共用位于中间层的一条公共通道。内部空间的尺寸设计完全按照“模数人”的各项尺寸进行。

图 14-7 马赛“联合公寓”

20 世纪 30 年代以后,柯布西耶逐渐调整了追求简洁的纯粹主义设计观,而日益强调感性在设计中的作用。这种变化是与当时建筑形势的发展息息相关的,在取得应有的地位后,现代主义已经到了进一步发展的时候了。

14.4.6 朗香教堂(Chapel of Notre-Dame-du-Haut Ronchamp)

如果朗香教堂(见图 14-8)不是世界上最知名的现代建筑,那么它一定是世界上最优美的现代建筑。

这座建于 1950—1955 年间的小教堂坐落在法国东部的一座小山上,内部仅可容纳二百人左右。它的平面呈现出罕见的自由曲线造型(见图 14-9)。类似的自由曲线雕塑造型在柯布西耶以往的设计中并

图 14-8 朗香教堂外观(见彩图 33)

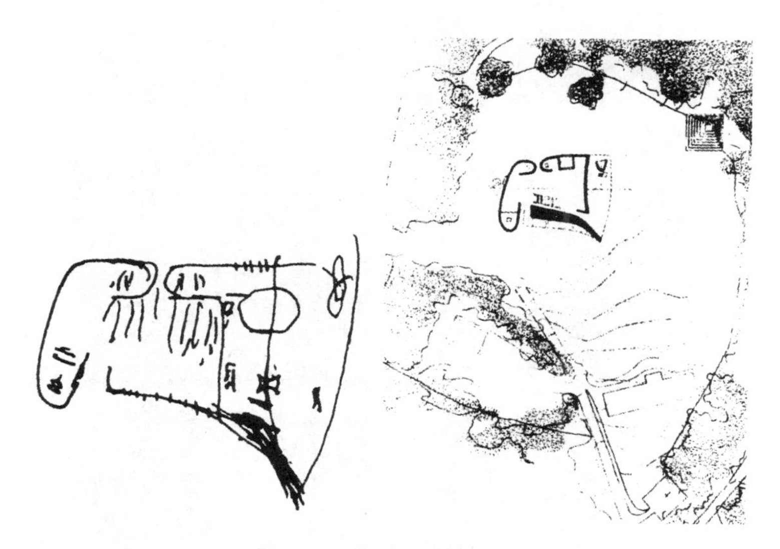

图 14-9 朗香教堂平面

不少见,但像这样完全的自由则从未有过,既是在现代技术条件下艺术家个性的张扬,同时又与起伏的自然地貌形成极好的配合。教堂入口位于南侧,处于一座粮仓式的塔楼和一堵向内弯曲的倾斜墙体之间,且墙面用压力喷浆造成粗糙的乡土效果。屋顶采用钢筋混凝土薄壳结构,不做表面处理,由墙体中的细圆钢柱进行支撑,因而厚实的墙体并不起承重作用,于是柯布西耶将墙顶与屋顶之间留出一道 40 厘米高的缝隙,巨大的薄壳屋顶在教堂的南面和东面深深地向外挑出,并向上卷曲。在教堂的东面屋顶与略向内凹的弧形墙及一座小塔形成一个宽敞的敞廊,墙上设有布道台。每到宗教纪念日,会有成千上万的信徒来此朝圣聆听布道,而向外弯曲的屋檐和向内弯曲的墙面恰恰有利于牧师声音的传播。与南面和东面相比,北面和西面的墙面较为平坦,略为向外凸出。由于屋顶自东向西倾斜,积聚的雨水通过西面屋顶一根向外凸出的双筒望远镜式的排水孔落到地面的蓄水池中。光线通过顶部的缝隙和南墙上一系列大小不一、错落有致的孔洞进入室内,孔洞口均装有彩色玻璃,营造出扑朔迷离的神秘气氛。主堂的周围还有几间塔状的小礼拜室,顶端开有裂缝以引入天光。

朗香教堂充满了神秘的色彩,有的人说它像一双合拢的手;有的人说它像浮在水中的鸭子;有的人说它像驶向彼岸的航船;有的人说它像牧师的帽子;还有的人说它像两个窃窃私语的修士(见图 14-10)。它仿佛一件天造之物,“不但超越现代建筑史、近代建筑史,而且超越文艺复兴和中世纪建筑史,似乎比古罗马和古希腊建筑还早”,即使柯布西耶多年之后重游故地,也不由得感叹:“我是从哪儿想出这一切来的呢?”

图 14-10　后人对朗香教堂的分析

14.5 密斯·凡·德·罗

现代主义巨匠密斯的早期经历有不少与柯布西耶十分相似。身为石匠之子的密斯也没有受过正规的建筑教育,他的建筑经验同样来自在多个事务所的打工经历。特别是柏林的贝伦斯事务所,1908—1911年,密斯在这里工作了三年,对现代建筑思想有了初步的认识。1912年,密斯来到荷兰海牙,在进行一项设计任务期间结识了荷兰建筑家贝尔拉格(H. P. Berlage,1859—1934)。贝尔拉格忠实于建筑结构、主张"凡是构造不清晰之物均不应建造"的设计思想给密斯留下了深刻印象,甚至影响了密斯的一生。

第一次世界大战结束后,密斯真正开始加入现代建筑的探索中。他开办了一份宣扬现代艺术的杂志,参加了激进的"十一月集团"艺术组织,并在1921—1925年间主办了四次代表进步艺术的展览会。在此期间,密斯虽然没有建造出特别有名的实际项目,但他创作的五个独特的设计方案还是引起了人们的关注,其中以巴塞罗那世界博览会德国馆(见图14-11)最为著名。

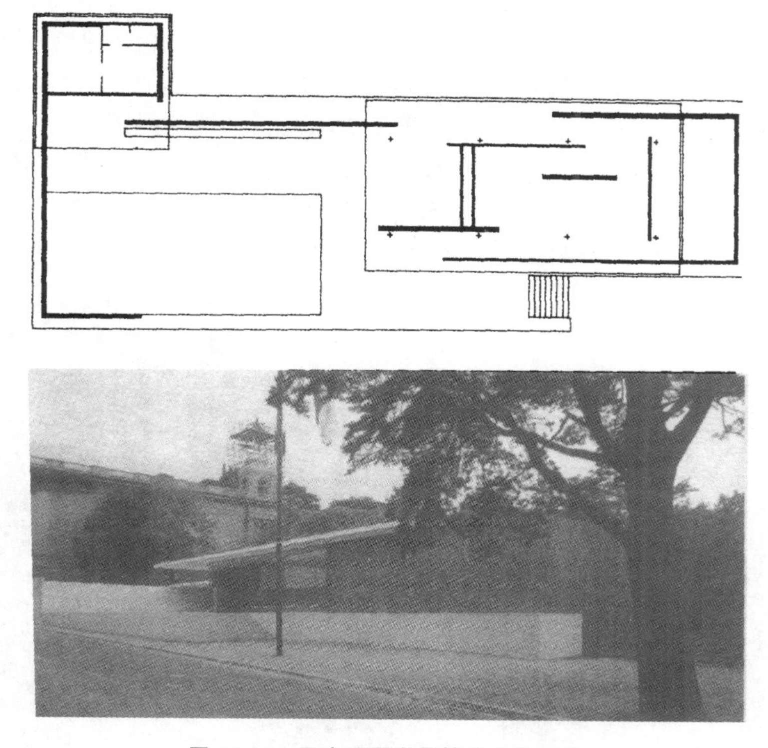

图14-11 巴塞罗那世界博览会德国馆

14.5.1 芝加哥伊利诺伊理工学院(IIlinois Institute of Technology)

1938年,密斯应美国芝加哥阿尔莫理工学院邀请离开德国,前往美国担任该学院建筑系主任,在此继续他在德国和包豪斯未竟的事业。

密斯在美国的第一项设计就是重新规划和建设学院新校区。这项工作从 1939 年开始一直持续到 1958 年他从学院退休为止,在总面积达 110 英亩(约 44.5 公顷)的基地上,密斯先后设计建造了 18 座建筑。在这些建筑的规划和设计中,密斯一改他早年的非对称性建筑构图,而转向更具有纪念性的模数化和对称构图形式。整个校区被密斯划分成一张模数为 24 英尺(约 7.3 米)的方格网,每一座建筑的开间和进深都严格遵照这一模数,甚至连高度也遵循同一模数系统,加之每座建筑都采用严格对称的立方体形式,使整个校区都统一在一个逻辑严密的秩序中。

14.5.2 建筑系大楼——克朗厅(Crown Hall)

在建筑的细部设计上,密斯通过反复推敲钢结构体系与玻璃幕墙最理想的结合方式,将建筑的技术和工艺升华到了艺术的高度,特别体现在 1952—1956 年设计建造的学院建筑系大楼——克朗厅(见图 14-12)上。这是一座长 220 英尺(67 米)、宽 120 英尺(37 米)的方盒子形建筑,由四榀巨大的钢梁支撑整个屋面结构,内部空无一柱,甚至连横梁都不存在,空间布置获得了完全的自由。在立面处理上,密斯发明了一种独特的工字钢结构装饰手法,将工字钢整齐有序地依附在结构柱间窗棂表面上,从而形成既具有工艺特征又具有古典主义美学特点的立面效果。早在巴塞罗那馆和吐根哈特住宅中,密斯就已经为人们展示过钢支柱的美学效果,但那时所用的钢支柱本身就具有结构作用,并采用十字形断面与风车形非对称平面相协调,而在克朗厅中,依附在玻璃幕墙表面的工字钢柱则纯粹是一种装饰,同时强调了建筑轴线。这样的做法或许与传统意义上的现代主义思想有一定出入,但它所体现出的完美无瑕的纪念性美学感却有效改变了现代主义在公众——尤其是美国公众——心中低廉的工厂化形象,即使最挑剔的保守主义者也无法指摘一二,这对现代主义在美国的迅速传播具有至关重要的作用。

图 14-12 克朗厅

14.5.3 普拉诺范斯沃斯住宅(Farnsworth House)

密斯的建筑理论中最突出的特点就是“以不变应万变”，一种空间形式一经完善就可以用在任何场合和类型的建筑中。1945年，密斯在芝加哥以南的普拉诺为一位名叫范斯沃斯的单身女医生设计了一座后来举世闻名的乡村小住宅(见图14-13)，它的形式几乎与克朗厅完全一致。这座住宅坐落于一片美丽的槭树林中，体量不是很大，主要尺寸都遵照统一的模数设计，主体部分平面为77英尺×28英尺(约23.5米×8.5米)，像一只上由白色油漆钢结构屋面、下由白色凝灰石楼地板封闭的玻璃盒子，八根工字钢柱从前后两侧依附于玻璃表面，使玻璃盒子仿佛从地面浮起。住宅内部除了位于中央的卫生间用隔墙封闭外，整个空间完全开敞，如水晶般纯净透明。

图14-13 范斯沃斯住宅

14.5.4 芝加哥湖滨大道860—880号公寓(860－880 Lake Shore Drive Apartment)

1948年，密斯终于有机会设计他梦寐以求的高层建筑——位于芝加哥湖滨大道860—880号的两座26层公寓大楼。在这两座高层建筑中，密斯继续以克朗厅和范斯沃斯住宅为原型，用钢架编织出一张精致的玻璃网，细部做法以及首创的直角相连的姐妹双塔布局方式对战后以来的高层建筑设计产生了无法估量的影响，有人说他改变了世界都市1/3的天际线。

14.5.5 纽约西格拉姆大厦(Seagram Building)

1958年建造的纽约西格拉姆大厦(见图14-14左)无疑是密斯一生最杰出的作品之一。与芝加哥湖滨大道公寓相比，38层158米高的西格拉姆大厦才是真正的摩天大楼(见图14-15)。

图 14-14　纽约曼哈顿外观

图 14-15　西格拉姆大厦

14.6　赖特

与密斯风格被广为效仿不同,美国土生土长的建筑大师赖特的建筑自始至终都被打上了深刻的个人主义烙印,这一点即使在他 20 世纪 30 年代逐渐融入国际风格后仍不例外。

14.6.1 拉辛市约翰逊制蜡公司办公楼(Johnson Wax Adminis tration Building)

从20世纪30年代起,赖特开始日益关注钢筋混凝土与玻璃这两种新型材料相结合所营造出的不同表现效果。1930年他在普林斯顿大学的一次演讲中宣称:“玻璃现在具有完美的可见度,它相当于薄层的、结晶的空气,把气流阻挡于室内或室外。玻璃表面也可以任意调节,使视觉能穿透到任何需要的深度。任何其他材料所具有的色彩与质感,在永久性面前都要贬值。古代建筑师用阴影作为自己的‘画刷’,让现代建筑师用光线来进行创作吧:散射的光线、反射的光线、为光线而光线,阴影只不过是随之而来的附属品而已。”1936年,赖特在威斯康星州的拉辛市用“光线”为约翰逊制蜡公司设计建造了一座奇异的办公大楼。这座办公楼的理想化平面构思与早年的拉金大厦有相似之处,都是将主楼与辅楼分开,主楼采用走廊环绕的天井式布局,主入口位于退入主楼与辅楼之间的过街楼下(见图14-16)。这座大厦最鲜明的特点在于其特殊的结构以及梦幻般的采光系统(见图14-17)。宽敞的办公空间的顶部由数十根蘑菇状的钢筋混凝土V形悬臂柱支撑,而柱子上方直径5.4米的巨大睡莲状柱头就是屋顶,这种模拟自然形状的设计也是“有机风格”的体现。在相互交替的圆盘空隙间,“交织”着一层有机玻璃管形成的采光天棚,从屋中抬头望去,阳光在玻璃管的折射下闪烁,人恍若池底游鱼(这种反传统的做法也同样被应用于墙体处理上)。这些玻璃管只能透光,但却不会透见外部景色,人在其中工作完全仿佛处于与世隔绝般的封闭状态。

图14-16 约翰逊制蜡公司办公楼

图14-17 办公楼内部

约翰逊制蜡公司办公楼建成后,头两天慕名前来参观的人数就达到三万,它与密斯的钢铁玻璃建筑一样都是造价昂贵的产物,同样以其独特的视觉冲击力征服了美国公众。

14.6.2 考夫曼流水别墅(Kaufmann House on the Waterfall)

与工作场所相反,赖特的住宅始终强调自然思想,即使在他走出草原风格之后也是如此。

与约翰逊制蜡公司办公楼几乎同时建造,位于宾夕法尼亚州匹茨堡东南郊熊跑溪上的考夫曼流水别墅(见图 14-18),是赖特国际风格时代住宅建筑的杰作。这座别墅是 1934 年 12 月由出版商考夫曼委托设计的,或许由于这座别墅的建造地点太完美了——森林、溪水、瀑布、岩石,这是值得任何建筑师花一生时间去等待的建筑基址,有 9 个月的时间赖特只字未动,终于在 1935 年 9 月的一天,他拿起了三角尺,用了一个晚上的时间把这个将生活场所融入溪流瀑布与森林中的别墅构想画在了纸上。1937 年秋别墅建成,赖特为其取名“流水”。

这座别墅的占地面积为 380 平方米,共三层高,将一系列平台由不同标高层层递进地从峭壁挑出,仿佛漂浮在溪流瀑布之上。自然景观、水声和清风从房屋的每一个角落渗透进室内,穿过挑台,透进长窗,钻上悬梯,雀跃在石墙和地坪之上。所有这些,都基于现代技术所提供的无限可能性,其中主要平台出挑达 5 米之多。

图 14-18 考夫曼流水别墅

14.6.3 纽约古根海姆博物馆(Guggenheim Museum)

几乎赖特的每一件新作都可以惊天动地,几乎每一次你都可以期待“下一件才是最好的”。古根海姆博物馆(见图 14-19)建于纽约,这是赖特唯一建造于纽约的作品。

图 14-19 纽约古根海姆博物馆(见彩图 34)

赖特于 1943 年 76 岁高龄时接受百万富豪古根海姆和艺术家娥伦威森女士的邀请,进行这个位于第五大道、面向中央公园的私人收藏品博物馆设计,娥伦威森女士深信赖特一定能够建造出与馆中收藏的前卫艺术品相符的“一座精神的殿堂,一座不朽的纪念碑”。由于战争等原因,博物馆一直到 1956 年才开始动工,期间赖特先后提出了六套方案和 749 张图纸,最后建成的博物馆完全符合业主的期望。

1959 年 10 月建成开幕的古根海姆博物馆像一架外星人的飞碟般降落在充斥着直线形方盒子摩天大楼的曼哈顿正中心,400 米长的展廊呈螺旋式向外和向上伸展,仿佛要冲破上方罗马万神庙般巨大的玻璃穹顶,草原住宅的空间流动概念与工作场所的神圣性得到了完美的结合。

与密斯相比，要想模仿赖特的风格是很困难的，他的作品大多是极端个人的，这既是他的问题所在，又是他的杰出所在。他的流动空间概念和有机建筑思想极大地启发了后人，而其极致的个性表现也为现代主义建筑增添了精彩的一笔。

14.7 现代主义其他名师名作

14.7.1 纽黑文耶鲁大学冰球馆(Davids Ingalls Ice Hockey Rink)

小沙里宁对现代新型结构为建筑造型所提供的无限可能性充满了热情。1956—1959 年，他为康涅狄格州纽黑文的耶鲁大学设计了一座前所未见的冰球馆(见图14-20)。在结构工程师西弗鲁德的协助下，他将一般用于桥梁建造的悬索结构成功地应用于建筑之中，薄薄的木屋顶由缆索悬挂在中央龟背状隆起的主梁和两侧圈梁之间，使整个空间充满了动感。

图 14-20 纽黑文耶鲁大学冰球馆

14.7.2 纽约肯尼迪国际机场环球航空公司候机楼(Terminal A at J. F. K Airport)

1956 年，小沙里宁应美国环球航空公司(TWA)之邀为其设计位于纽约肯尼迪国际机场的候机楼(见图 14-21)。飞翔的感觉是设计的出发点，整个建筑由四片自由形态的钢筋混凝土曲面薄壳构成，薄壳之间缝隙处装上玻璃天窗作室内采光。在此小沙里宁将现代技术的光辉成就与人的自由想象力大胆结合，塑造了一个梦幻般的空间。

14.7.3 悉尼歌剧院(Sydney Opera House)

小沙里宁对创造有时代特点的现代结构的热爱还直接促成了 20 世纪另一个奇迹的诞生。1957 年，在澳大利亚悉尼歌剧院国际竞赛中，作为评委的小沙里宁对丹麦建筑师伍重(J. Utzon，1918—2008)的方案十分赏识，尽管对于方案如何实施并没有把握，但他仍说服其他评委相信这个方案必将成为伟大的杰作。历史已证明这个选择是无比英明的，在历经 17 年的曲折建造历程之后，如今悉尼歌剧院已成为悉尼乃至整个澳大利亚的象征(见图 14-22)。

图 14-21 纽约肯尼迪国际机场环球航空公司候机楼

图 14-22 悉尼歌剧院(见彩图 35)

14.7.4 芬兰珊纳特赛罗市政厅(The Town Hall in Saynatsalo)

1949—1952 年设计建造的芬兰珊纳特赛罗市政厅(见图 14-23)是确定阿尔托战后风格的代表作品。采用一栋 U 形行政办公楼与一栋图书馆围合庭院式布局,与他早年设计的努玛库玛利亚别墅十分相似。由建筑围合的庭院既能满足人与自然的必要联系,同时可隔离自然界的不安定因素。

图 14-23 芬兰珊纳特赛罗市政厅

14.7.5 纽约世界贸易中心(World Trade Center)

雅马萨奇(M. Yamasaki,按日名译为山崎实,1912—1986)最著名的作品是纽约世界贸易中心的双子楼(见图 14-24),于 1962—1972 年间建成,它们曾是世界上最高和最具有吸引力的建筑,是令很多人向往的文明社会的希望和象征。这两座建筑均为 110 层、415 米玻璃幕墙,建筑的排列方式与密斯芝加哥湖滨大道公寓如出一辙,但这两座都是边长 63.5 米的正方形,因而更加纯粹。大楼采用筒中筒式结构,在内部核心区筒体结构之外,外围由整圈密排的方管形钢柱形成外筒,以有效提高结构的抗侧向力剪切刚度。这些柱子每根宽 45.7 厘米,而净间距只有 55.8 厘米,外墙的玻璃面积只占表面积的 30%,与其他密斯式玻璃摩天楼有很大区别。由于柱子、窗下墙及其他暴露在外的表面除玻璃窗外都覆以银色铝板,可在不同气象条件下变幻出不同的颜色,如同神话中的琼楼玉宇。2001 年 9 月 11 日大楼毁于恐怖袭击。

图 14-24 纽约世界贸易中心

14.7.6 纽黑文耶鲁大学美术馆(Yale University Art Gallery)

爱沙尼亚犹太移民的后代路易·康(L. Kahn,1901—1974)是一位大器晚成的现代建筑大师,直到50岁那年,他的第一件引人注目的作品才得以诞生,而且他的巅峰时代也极为短暂,但这丝毫没有妨碍他被后人视为20世纪70年代以前美国最有影响的建筑大师。

1947年,康被耶鲁大学建筑系聘为教授,同时开始着手进行耶鲁大学美术馆扩建工程(见图14-25)。这是耶鲁校园内的第一座现代建筑,在与旁边的古典主义风格老建筑相邻的立面中,康使用了密实的砖墙以求统一,外露的钢筋混凝土楼板也尽量与老建筑保持协调。而在其他立面中,他则突破传统的限制,大胆使用钢铁玻璃幕墙,使之呈现现代建筑的风貌,光洁的玻璃与粗糙的砖墙互为衬托,形成鲜明对比。在内部处理上,康使用了一种罕见的三角锥形密肋楼盖结构,利用其间的空隙架铺各种设备管线,而三角锥的底部则直接暴露在外,给人以特殊的结构美感。

图14-25 耶鲁大学美术馆扩建工程

14.7.7 费城宾夕法尼亚大学理查德医学研究楼(Richard Medical Research Laboratories)

1957年,康来到费城宾夕法尼亚大学任教,在这里他受托设计了理查德医学研究楼(见图14-26),进一步奠定了他在现代建筑中的地位。这座建筑将功能主义的分析与形式美学合为一体,一方面充分考虑空间的不同分工,如将生物学研究产生的各种有害气体排放空间与新鲜空气输入空间隔离开,将楼梯等交通空间与办公空间明显区隔,另一方面又将这些不同空间依照康认为最理想的形式进行布置:研究和实验空间呈现正方形,在整个布局中居统率地位,按康的说法是“主人”的地位;相比之下,楼梯间、新鲜空气输送塔以及废气排放塔则像“仆人”一样围绕在“主人”身旁,为其服务(见图14-26,右侧两栋为1964年后新增的生物实验室,它与原建筑在平面上具有统一关系)。这种“主从分明”的设计思想几乎贯穿了康的所有创作。

大楼的外观除了钢筋混凝土柱子和梁外,全部采用清水砖墙和蓝色玻璃,十分朴素。内部的各种管

图 14-26 理查德医学研究楼

道也暴露在外，由于容易积灰，于生物研究其实是有害的，但在这里康对于形式上的追求超越了具体的功能需要。他在剖述设计意图时说道："我相信，建筑和一切艺术一样，艺术家本能地要留出标志表示某物是如何做成的。"

14.7.8 埃克斯特学院图书馆(Phillips Exeter Library)

理查德医学研究楼的成功给康带来了崇高的声誉，康由此进入创作的巅峰时代。这时期他创作了许多有影响的作品，这些作品大多具有鲜明的对称轴线，不少方案采用集中式，或者按康的说法是"仆人"围绕"主人"的——构图形式，很有古典主义韵味，因此，历史评论家们往往将康这一时期的创作也归之于"新古典主义"。康认为建筑没有什么流派，有的只是建筑的精神。另外，康的"新古典主义"与约翰逊、斯东和雅马萨奇等的"新古典主义"有很大的不同，后者侧重于在立面处理上模仿古典或哥特建筑，而康则着重反映古典建筑在平面的主从关系及从最基本的几何形体出发等特点，具有极为独到的个人特色。

图 14-27 埃克斯特学院图书馆内部(见彩图 36)

新罕布什尔州埃克斯特学院图书馆(见图 14-27)设计建设于 1965—1971 年，其核心是一个上下贯通的正方形大采光天井，粗犷的钢筋混凝土材料和简单又最具表现力的几何形状使空间极具纪念性和原始魅力，这些圆拱仿佛张大了嘴正要与你对话。藏书和阅览环绕采光井分成内外两圈。内圈是书库，既可从天井获得必要的照明,又避免了阳光直射,内圈的四角分别设置楼梯、盥洗室、办公室或其他必要辅助空间。外圈是阅览空间,康特别将此部分设计成砖承重结构,以此营造与公共空间相区别的朴素静谧的独立阅览氛围。

14.7.9 东京奥林匹克体育馆(National Gymnasiums for Tokyo Olympics)

为迎接1964年在东京举办的第18届奥运会,由丹下健三设计的体育馆建筑(见图14-28)不仅将他的个人声望推向顶峰,同时也让欧美设计强国对日本现代设计从此刮目相看。整个建筑群由两个主要的体育馆和附属建筑组成,第一体育馆由两个相错的新月形构成,是奥运会游泳和跳水项目的比赛场地。屋顶采用先进的悬索结构,在相距126米的两根立柱之间,张拉两束外径33厘米的主悬索,两端斜拉至地面锚固。在主索与观众席外侧的钢筋混凝土环梁之间用钢索贯通,相互以工字钢相连,上铺厚4.5厘米钢板形成屋盖;第二体育馆屋顶呈螺旋形,是奥运会篮球比赛场地。由一根高35.8米的支柱顶端盘旋而下一束直径40.6厘米的钢索,一系列型钢沿主索排列,屋面为厚3.2厘米的钢板(见图14-29)。这两座采用悬索结构、周身洋溢着时代气息的巨型建筑没有采用任何传统装饰,但也同样体现了日本传统建筑的特色。

图14-28 东京奥林匹克体育馆

小 结

现代化的社会生产条件、现代价值观和现代抽象艺术催生了现代建筑运动。现代建筑主张形式服从功能,因此又被称作功能主义建筑。现代主义建筑反对一切的历史样式和奢侈装饰,提倡以基本的几何形体为表现手段的机器美学。现代主义建筑把钢铁、水泥、玻璃等为代表的新建筑材料的表现力推向

图 14-29 东京奥林匹克体育馆内部

极致，创造了崭新的建筑空间形式。现代主义建筑对现代社会生活影响极大，因此又被称作国际式建筑。

思 考 题

1. 从包豪斯校舍设计谈谈包豪斯宣言的意义。
2. 绘制巴塞罗那博览会德国馆平面简图。
3. 如何理解现代建筑大师的古典情结，以柯布西埃为例说明。
4. 请介绍一个你最喜欢的现代主义建筑。

15 后现代主义与现代主义之后

20世纪60年代后期以后，随着西方社会普遍进入“丰裕社会”，物质的极大丰富使设计中对于形式不断更新的要求日益提高，经久耐用的设计原则受到挑战，高速发展的社会需要多种多样的艺术形式与之呼应，追求一致的国际风格逐渐被冷落。在这种背景下，20世纪六七十年代以后，世界建筑舞台上出现了多种多样的“思潮”“流派”和“主义”，一个可以不受约束地享受并创造任何形式的时代来临了。

15.1 后现代主义

15.1.1 “现代主义的葬礼”和詹克斯的后现代主义设计

1977年，美国建筑评论家詹克斯(C. Jencks，1939—)在他的著作《后现代建筑语言》的开篇中以一种耸人听闻的方式宣称，在“名声很糟的帕鲁伊特·伊戈居住区，或者说它的若干板式建筑物由黄色炸药给予了慈悲的临终一击”之后，“现代建筑，1972年7月15日下午3点32分于密苏里州圣路易斯城死去”。这本书终于对20世纪60年代中期开始出现的一种对国际风格的垄断设计持强烈批判态度，认为现代主义运动应该对千篇一律、思想贫乏的城市面貌负全责，主张返回历史以满足公众的“通俗口味”的设计流派定了名——后现代主义(post-modernism)。

15.1.2 费城的基德公寓(Guild House)

美国建筑师和建筑理论家文丘里(R. Venturi，1925—)是后现代主义思想最早的支持者，他在1966年出版的《建筑的复杂性和矛盾性》，被誉为自1923年柯布西耶《走向新建筑》一书问世以来有关建筑发展的最重要著作。在这本书中，他对密斯“少就是多”的思想提出了疑问，他认为现代建筑“强求简练的结果是过分简单化”，“简练不成反为简陋。大事简化的结果是产生大批平淡的建筑”，他宣称建筑中“能深刻有力地满足人们心灵的简练的美，都来自内在的复杂性”，而“少使人厌烦”。为了实现“建筑的复杂性和矛盾性”，文丘里主张向传统学习，这种学习不同于19世纪以排斥结构和技术进步为代价的盲目抄袭、因循守旧的“古典主义”，也不同于部分现代主义大师们对传统中美学原则的学习，而是要通过对传统符号的运用来保持“历史意识”，以“不传统地运用传统”的方式创造“混杂”“折中”“扭曲”“含糊”的，虽“杂乱”而有“活力”的建筑。

文丘里的第一件后现代主义作品是1960—1963年在费城设计的一座为老年人服务的公寓(见图15-1)。在这里，文丘里用“非传统”的方式为建筑导入了多种传统符号，如入口处的首层墙面贴白色反光瓷砖，与其余部分深棕色砖墙形成奇怪的对比，这种做法看似模仿古典建筑设基座层，但“基座”在这里并没有给人应有的稳固感；又如建筑上部看似圆形山花而实际是顶层拱形大窗口的做法等。最“非传统”的做法是在半圆形“山花”的顶部安装了一架现代化的、象征老年人生活重要组成部分的金色电视天线，而这里按传统通常是摆放圣人像的位置。这种做法在当时过于“非传统”，以至于在建成后又被难以接受的业主取了下来。

图 15-1　费城的基德公寓

15.1.3　费城栗子山母亲之家(Mother's House)

1962 年建于费城栗子山的母亲之家(见图 15-2)更能体现文丘里“不传统地运用传统”的设计思想。开了裂缝的人字形山花、偏离对称轴的烟囱、变化的窗口和断断续续的拱形山花装饰线，这些元素在立面上的组合显得十分矛盾，仿佛需要用一根绳子将它们捆绑在一起。平面布置也同样充满矛盾，入口不是直接通向起居室，而是要向右再向左拐一个差不多 180°的大弯，里面的几道斜墙似乎左右对称，但斜度显然各不相同，甚至就连通向二楼的楼梯也忽大忽小，飘忽不定，有一大段甚至根本不通。这虽是一座私人住宅，但绝不是一座普通的住宅，它像一篇宣言，一篇文丘里为改变现代建筑单调形式而斗争的宣言。

图 15-2　费城栗子山母亲之家

弗伦奇(H. French)曾在他的著作《建筑》中不无幽默地指出:“(后现代主义)这一风格的秘诀是从任何时期、任何地方的建筑中取熟识的一部分,然后随心所欲地重新使用。”这种看起来十分简便的方式或许就是后来后现代主义很快风靡全球的原因吧。

15.1.4 新奥尔良市意大利广场(Piazza d'ltalia)

摩尔(C. Moore,1925—1994)是最知名的美国后现代主义设计大师之一,他的代表作品是1977—1978年与佩里兹(A. Perez)合作为路易斯安那州新奥尔良市的意大利移民而建的“意大利广场”(见图15-3)。这是一个像是从周围建筑中旋刻出来的圆形广场,一股清泉从“阿尔卑斯山”流下,浸湿了“意大利半岛”的长靴,流入“地中海”,而移民们的家乡——“西西里岛”就位于广场的正中心,一系列环状图案由中心向四周扩散。广场的周围是一系列呈同心圆弧形排列、色泽艳丽的柱廊,乍一看罗马时代的五种柱式应有尽有,但细一看远不是那么回事,有的柱头、柱身采用亮闪闪的不锈钢,有的“柱身”甚至是用水喷出来的,檐部也是虚虚实实,拱肩上还雕刻着摩尔本人的喷水头像,更不用说那蛋糕切块式的柱基。《纽约时报》著名建筑评论家戈德伯格(P. Goldberger)在它落成后不久的一篇评论中指出,它是“打在古典派脸上的一记庸俗的耳光”,“有一种极好的性格,充满亲切,热情快乐”,“完全不是对古典主义的嘲弄”,而是“一种欢欣,几乎是对古典传统歇斯底里般快乐的拥抱”。

图15-3 新奥尔良市意大利广场(见彩图37)

15.1.5 波特兰市市政厅(Portland Public Services Building)

1980—1982年建成的俄勒冈州波特兰市市政厅(见图15-4)也是后现代主义的杰作之一。由于建筑大师约翰逊的热忱推荐,波特兰市政府决定采用普林斯顿大学建筑学教授格雷夫斯(M. Graves)的方案。建筑为四方体,下面是阶梯金字塔式的基座,奥地利分离派风格的真真假假的小方窗填满了浮雕壁画式的巨柱式外立面。

15.1.6 加州迪斯尼大楼(Team Disney Building)

波特兰市市政厅的成功确立了格雷夫斯在后现代主义建筑界的地位。此后,他以同样的风格又设计了一系列引人注目的建筑作品,如位于加利福尼亚州的迪斯尼大楼(见图15-5),格雷夫斯将童话白雪公主中的七个小矮人置于建筑物承重的位置,使建筑给人以生动活泼的幽默感。

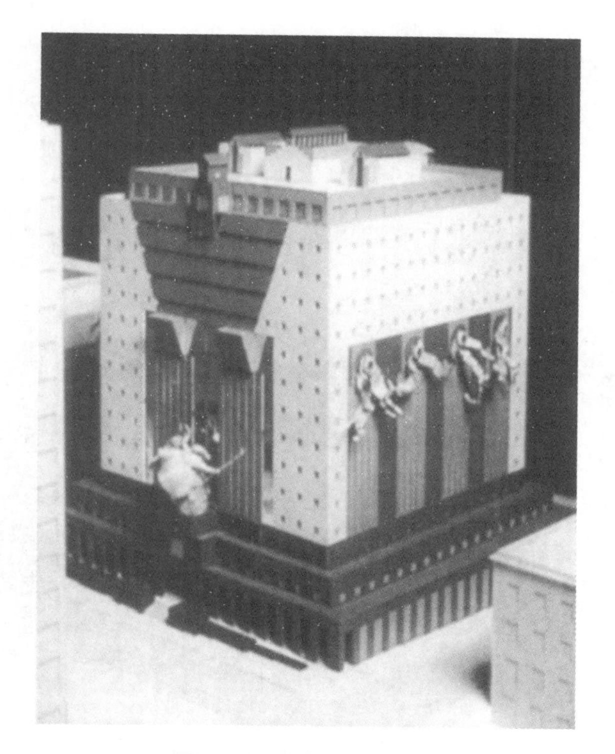

图 15-4 波特兰市市政厅

图 15-5 加州迪斯尼大楼(见彩图 38)

15.1.7 “鸣唱”壶(Singing Kettle)和咖啡具

格雷夫斯在工业设计领域也卓然有成,他在1985年为意大利 Alessi 公司设计的“鸣唱”水壶和一些咖啡具(见图15-6)都是20世纪80年代最受公众欢迎的后现代主义工业产品。

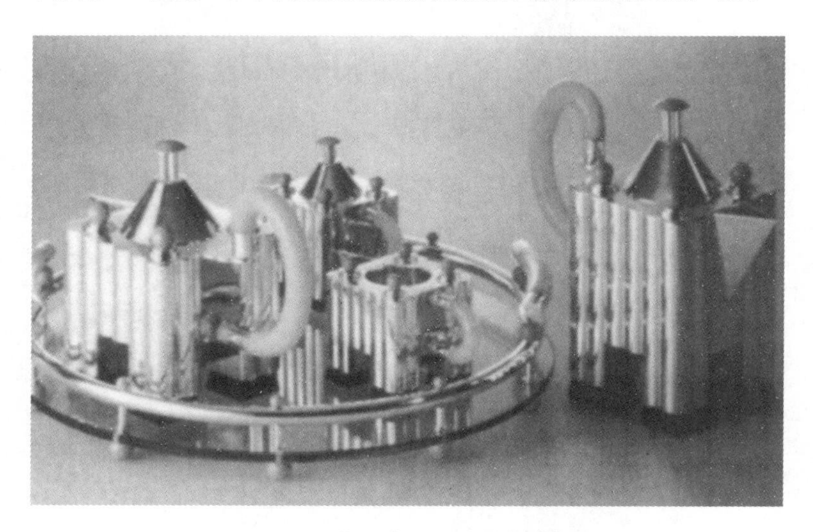

图 15-6 格雷夫斯设计的咖啡具

戈德伯格评价格雷夫斯说:“他的建筑是一种抽象派的拼贴画,是一种部分的集成,既表达了群众在视觉上希望简明易懂的要求,也满足了建筑专业人员希望有一定理论基础和科学根据的要求。”而现代主义被人批评的主要原因正是它忽略了普通群众的精神感受。

15.1.8 纽约美国电话与电报公司总部大楼(AT&T Corporate Headquarters)

20世纪80年代最震撼世界的后现代主义建筑当数由约翰逊和伯吉设计,于1984年落成的美国电话与电报公司总部大楼(现为索尼大楼,见图15-7),它翻开了美国摩天楼建设的新篇章。早在1978年3月30日,《纽约时报》就迫不及待地在头版刊登了大楼的设计方案。戈德伯格在文章中热情地称颂说:“自从(19世纪)30年代克莱斯勒大厦打击了传统主义者以来,在纽约这幢大楼无疑是最具挑衅性和大胆的了。回想当时克莱斯勒闪烁的钢尖塔曾震撼了充满城市的传统石筑大楼,而现在,(当摩天楼)通常都用玻璃和钢材时,它却用装饰性的石筑大楼再一次震撼着人们的视觉。”它是“有意指责那些玻璃钢铁大楼,那些大楼使曼哈顿中心区成了方盒子城市”。

这座坐落于纽约繁忙的麦迪逊大道上高达180米的钢结构摩天大楼,外表被约翰逊用13 000吨做工精致的磨光花岗岩饰面板严严实实地包裹起来。大楼的底部拱廊令人联想起伯鲁乃列斯基设计的佛罗伦萨帕齐小教堂,而窗户和窗下墙的比例关系则与“艺术装饰风格”时代曼哈顿摩天楼一脉相承。最令人惊奇的是,其顶部大约9米高的山墙中部被挖掉了一个很大的圆形缺口,仿佛是齐彭戴尔设计的橱柜,有人因此嘲笑它为“爷爷辈的座钟”。但戈德伯格还不满足,他甚至还在他的文章中大胆建议:“如果

图 15-7 纽约美国电话与电报公司总部大楼底部

建筑师对他们的设计深入下去,他们在山墙的圆口里安置蒸汽的排放,再用泛光灯照射这些蒸汽,会产生惊人的景观。"

15.2 现代主义之后

15.2.1 神户鱼舞餐馆(Fish Dance Restaurant)

盖里是一位完全抛弃建筑规范与教条的艺术大师,他也否认自己是解构主义的一员,他的设计从不局限于单一形象,总会给人异样的感觉:1987 年,盖里在日本神户设计了一家餐馆(见图 15-8),外形是一条巨大的鲤鱼;1991 年设计于加利福尼亚州威尼斯城的契阿特—戴广告公司办公楼,大门口则赫然立着一架巨大的双筒望远镜——筒内是小会议室和研究室,顶上目镜部分是采光天窗——象征艺术家的前瞻性构思;1992 年设计的位于捷克首都布拉格的尼德兰大厦,盖里则在转角处别出心裁地设计了一对象征男女的塔楼。

这些建筑都具有鲜明的雕塑形象。在同矶崎新的一次对话中,盖里坦陈,在他心目中建筑与雕塑的区别仅在于"能开窗采光的是建筑,而雕塑不能"。雕塑的形式始终是盖里从事建筑设计的重要方式。

15.2.2 巴黎卢浮宫扩建工程(Extension of Palais du louvre)

身为第二代现代建筑家的贝聿铭是当代少数“顽固”坚持现代主义的泰斗级人物。他晚年最具轰动效应的作品是在1989年将一座具有现代主义和高技派相结合特征的桁架构造玻璃金字塔硬生生地安放在巴黎卢浮宫广场上(见图15-9)。这项工程是为早已拥挤不堪的卢浮宫博物馆扩建而进行的,贝聿铭将扩建部分放在广场的地下,并通过它将卢浮宫相距甚远的几部分有机联系在一起。为了建造扩建工程位于地面的入口部分,贝聿铭考虑了很久,也许采用传统的方穹隆形式会与卢浮宫整体形象较为协调,但它无疑将模糊卢浮宫的历史存在。最终,贝聿铭选择了“玻璃金字塔”,收藏于其中的5.5万件来自埃及的文物是研究古埃及文明丰富的珍贵史料,也是卢浮宫中最重要的收藏;但它的形式又与卢浮宫毫无共同之处,它甚至不像一座建筑。但这正是设计的绝妙之处,巨大的反差不但丝毫没有削弱卢浮宫的历史价值,相反,它以其象征永恒的造型和全新的科技成就“使卢浮宫达到完美”。

图15-8 神户鱼舞餐馆

图15-9 巴黎卢浮宫扩建工程

15.2.3 香港中国银行大厦(Bank of China Building)

1990年落成的香港中国银行大厦(见图15-10)共70层高369米,是贝聿铭退休前最后的现代主义佳作之一。贝聿铭对三角形戏剧性变化效果的偏爱几乎贯穿了他的设计生涯,这件作品也不例外,由正方形对角线分割出的四个三棱柱分别以斜面形式终止在不同高度,体现出中国古谚“芝麻开花节节高”的美好喻义。

图 15-10 香港中国银行大厦

15.2.4 新哈莫尼游客中心(Atheneum Visitor Center)

有着“白色派”美誉的美国建筑师迈耶，也是一位坚持和发展现代主义的大师级人物。他的作品主要由简单朴素的方块构成，以纯洁高贵的白色为主要色彩，很有特点。1979 年建成的印第安纳州新哈莫尼游客中心(见图 15-11)、1983 年建成的佐治亚州亚特兰大海氏美术馆及 1997 年建设完成的洛杉矶盖蒂中心都是迈耶白色风格的杰作。阳光下的白色体块使建筑充满了青春活力。

15.2.5 巴黎阿拉伯世界研究所(Institut du Monde Arabe)

努维尔是法国当代杰出的现代主义风格建筑家。他于 1987 年设计的巴黎阿拉伯世界研究所(见图 15-12)让那些对现代主义能否“死而复生”心存疑虑的人重见希望的曙光。这座建筑的一面玻璃幕墙上镶嵌着伊斯兰风格的叶片，它们能像人眼一样开合，调节阳光，并向外反射耀眼的光芒。

努维尔设计的摩天楼同样具有非凡的现代主义品质，他于 1989 年设计竞赛中获胜的巴黎无止境大厦，以不同的材质修饰立面，加之以 10∶1的高径比例(高 430 米、直径 43 米)，倘能有机会实现，必能让那些对现代主义最挑剔的评论家哑口无言。

图 15-11 新哈莫尼游客中心

图 15-12 巴黎阿拉伯世界研究所(见彩图 39)

15.2.6 芦屋市小筱邸(Kishino House)和茨木市光之教堂(Church of the Light)

自学成才的安滕忠雄是日本当代最杰出的现代主义建筑大师,他继承了柯布西耶式混凝土建筑的传统,并将其与他个人对美的卓越认识结合在一起,创作出了一系列诸如小筱邸(见图 15-13)和光之教堂(见图 15-14)这样朴实无华而亲切感人的好作品。

图 15-13 芦屋市小筱邸

图 15-14 茨木市光之教堂(见彩图 40)

15.2.7　2008 北京奥运会主场馆

“鸟巢”是 2008 年北京奥运会主体育场，是世界上跨度最大的钢结构建筑。在“鸟巢”设计之初，采取了全球征集方案、专家进行评审、公开征求社会意见的方式，以避免结构性的设计缺陷。最终由 2001 年“普利茨克奖”获得者赫尔佐格、德梅隆与中国建筑师李兴刚等合作完成，形态如同孕育生命的“鸟巢”。设计者们对这个国家体育场没有做任何多余的处理，只是把结构直接暴露在外，因而形成了具有复杂线性构图的建筑外观。鸟巢(见图 15-15)可容纳 8 万人，平面为椭圆形，长轴 340 米，短轴 392 米。屋盖中间有一个 146 米×76 米的开口。

图 15-15　中国国家体育场——“鸟巢”(见彩图 41)

15.2.8　中国中央电视台新台址

由库哈斯设计的中国中央电视台新台址的主楼包括两座斜塔楼(见图 15-16)，即“双 Z 塔”和连接两座斜塔楼顶部的 14 层高的悬臂结构，以及 9 层裙楼与 3 层地下室。其中，1 号塔楼 51 层，屋顶最高处 234 米；2 号塔楼 44 层，屋顶最高处 194 米。

大悬臂结构是“双 Z 塔”最引人注目的部分。14 层的大悬臂建成后，其 1、2 层可用于观光，其他各层用于办公。另外，CCTV 主楼演播区 400 平方米以下的演播厅录音室均采用了“房中房”结构，800 平方米与 2000 平方米的演播厅则采用了浮筑楼板构造。

中国中央电视台新台址工程是新中国成立以来国家建设的单体最大的公共文化设施，也是 2008 年北京奥运会的重要配套设施之一，已成为北京市重要的标志性建筑和文化景观。

中国中央电视台新台址建设工程位于北京朝阳区东三环中路、北京商务中心区的核心地段，占地面积 18.7 万平方米，总建筑面积 55 万平方米。中国中央电视台新台址建设工程总投资约 50 亿人民币。

图 15-16 中国中央电视台新台址(见彩图 42)

15.2.9 金茂大厦

图 15-17 上海金茂大厦

上海金茂大厦(见图 15-17)是一座具有中国传统风格的超高层建筑，是上海迈向 21 世纪的标志性建筑之一，它的高度仅次于马来西亚吉隆坡的双塔大厦和美国芝加哥的西尔斯大厦，是目前国内第一、世界第三高楼。美国 SOM 设计事务所主设计。1998 年 8 月建成。占地 236 万平方米，建筑面积 28.95 万平方米。高 420.5 米，88 层。地下 3 层，建筑面积 5.8 万平方米，1 层为美食街，2～3 层为地下车库。

金茂大厦是融办工、商务、宾馆等多功能为一体的智能化高档楼宇，第 3～50 层为可容纳 10 000 多人同时办公的、宽敞明亮的无柱空间；第 51～52 层为机电设备层；第 53～87 层为世界上最高的超五星级金茂凯悦大酒店，其中第 56 层至塔顶层的核心内部是一个直径 27 米、阳光可透过玻璃折射进来的、净空高达 142 米的“空中中庭”，环绕中庭四周的是大小不等、风格各异的 555 间客房和各式中西餐厅等；第 86 层为企业家俱乐部；第 87 层为空中餐厅；距地面 341 米的第 88 层为国内迄今最高的观光层，可容纳 1000 多名游客，两部速度为 9.1 米/秒的高速电梯用 45 秒将观光宾客从地下室1层直接送达观光层。设电梯79座,其中自动扶梯18座,可将客人迅速、安全、舒适地送达每个层面。裙房6层,1层设剧场和展览大厅,2层为宴会厅,3～6层设商场和娱乐中心。建筑平面呈正方形,立面外观为分段收缩,近似塔状,玻璃幕墙围护,有最先进的水暖、通风、消防、保安等设施和自动化监控系统。

金茂大厦在国内外超高层建筑领域中创出了“高、深、新、精”四个方面的新纪录。出众的设计及优越的地理位置,使之成为上海最富吸引力的甲级楼宇之一。

15.3 中国建筑的传统形式

自1840年鸦片战争之后,随着帝国主义列强在中国的入侵、殖民和设置租界,西方的建筑形式逐渐引入中国;一些留学归来的中国建筑师也带回了欧美建筑的流行风格;加之中国传统形式的根深蒂固,到20世纪初,中西方多种建筑形式的融合交流,形成了中国近代与现代建筑复杂而多样的建筑形式。其代表建筑形式有西方古典式、西方现代式及中国传统建筑形式,其中中国传统形式最具中国特征,是中国建筑近乎永恒的探索目标。

15.3.1 南京中山陵

南京中山陵于1926年—1929年建成,位于南京紫金山南坡(见图15-18),由吕彦直设计,是经过方案竞赛选定的。主体建筑面积6684平方米。整座建筑由墓道和陵墓组成,采用钟形图案,喻唤起民众之意。结合山势,运用石牌坊、陵门、碑亭等陵墓要素,以大片绿化和平缓台阶连缀建筑个体,雄伟、庄严。主体建筑祭堂吸取中国古典建筑手法,应用新材料与新技术,成为中国近代建筑中的杰作和现代化与民族化相结合的起点。

图15-18 南京中山陵

15.3.2 广州中山纪念堂

广州中山纪念堂于1928年—1931年建成，位于广州越秀山南麓（见图15-19），由吕彦直设计。平面为八角形，建筑面积8300平方米，会堂高49米，是当时中国最大的会堂建筑。为钢架和钢筋混凝土结构的宫殿式建筑，四周为重檐歇山顶，中央为八角攒尖顶，用料考究。八角形的钢桁架跨度30米，是当时中国建筑物中跨距最大的。

图15-19 广州中山纪念堂

15.3.3 北京友谊宾馆

北京友谊宾馆于1954年建成，是当时我国最大的园林式宾馆（见图15-20），由张镈设计。主楼7层，建筑总面积2.4万平方米，总高度29.25米，为该时期以宫殿式大屋顶形式为特征的代表作品之一。主体采用框架及混合结构，中部设双重檐歇山绿琉璃瓦顶。作者精于传统建筑的法式，使建筑各部分的比例协调，尺度恰当。

15.3.4 重庆人民大会堂

重庆人民大会堂于1952年—1954年建成，建筑总面积2.5万平方米，占地6.6公顷，是新中国成立后兴建的全国第一个大的工程项目（见图15-21）。张嘉德的设计，在方案竞赛中，作为唯一的中国古典形式方案中选。该方案集多种清式建筑形式为一体，中部会堂为圆形，冠以三重檐宝顶，类似天坛祈年殿，总高65米，直径46米；堂前为双重檐歇山门楼，外轮廓似天安门，另有方形及八角形双重檐尖亭各两座，以长廊相连。整座建筑体量庞大，施以辉煌的色彩，绿顶红柱、白色栏杆。在99步台阶的烘托下，坐落在山岗上的建筑显得雄伟壮观，成为山城重庆的骄傲。

图 15-20　北京友谊宾馆

图 15-21　重庆人民大会堂

15.3.5 天津大学第9教学楼

由徐中先生设计，1956年建成的天津大学校区，包括教学楼、图书馆、宿舍楼等建筑群，其建筑风格为中国传统样式。图15-22为天津大学第9教学楼，很长一段时间它作为学校办公楼。建筑平面为“山”字形但无中间一竖，整体建筑高五层，底层设计成建筑基座，室外楼梯直上二楼门厅，1957年8月13日毛主席视察天津大学时曾站在门厅前的平台上向欢迎的人们挥手致意。站在二楼门厅，前后左右都有精心设计的楼梯，有很强的动感，烧结得有些琉璃的清砖墙有很好的质感，和红色油漆的窗框，窗下灰色水泥墙面以及屋顶、檐部彩画等形成丰富和谐的构图，对比本书开篇所述中国美术学院象山校区，你会感到，两种不同的继承方式，有不同时代的鲜明的建筑风格，而象山校区更多地向传统民居吸收营养。

图15-22 天津大学第9教学楼

15.3.6 北京中国美术馆

位于北京五四大街北侧，1962年建成，戴念慈设计(见图15-23)。占地3公顷，建筑面积16000平方米，其中大小展厅17个，展出面积共7000平方米。平面布局采用长廊作为各部分之间的联系，既便于观众休息，又可引导人流，从而保持展厅的良好秩序。采光方面尽可能采用顶部采光，其他采用高侧窗采光，窗下增加折光片，以避免眩光。中部突出的4层部分采用中国古典楼阁式屋顶，其他部分为带琉璃檐的平顶，以解决顶部采光问题。正门廊及几处休息廊采用传统手法。整座建筑具有鲜明的中国传统建筑风格，与附近的故宫、景山等传统建筑相互呼应。

15.3.7 陕西历史博物馆

陕西历史博物馆于1991年建成，张锦秋主持设计(见图15-24)，建筑面积45800平方米，文物收藏设计容量30万件，是一座规模仅次于中国革命历史博物馆的国家级博物馆，被联合国教科文组织确认

图 15-23　北京中国美术馆

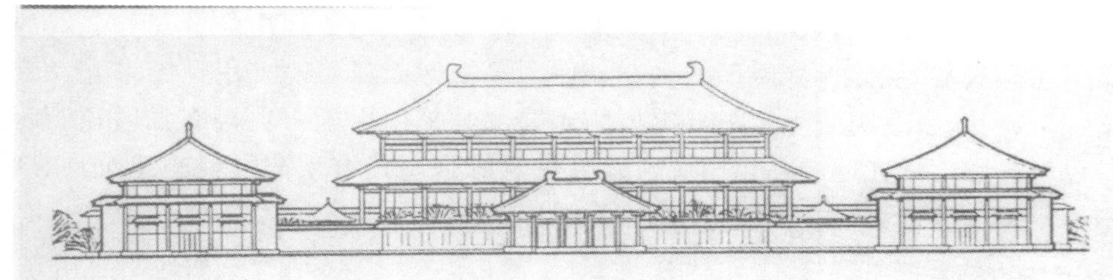

图 15-24　陕西历史博物馆(上图,整体效果,下图,立面图)

为世界一流博物馆之一，并获得建设部“优秀建筑设计奖”和“中国建筑学会建筑创作奖”。建筑采用传统的院落式布局，唐代馆舍风格，雄伟壮观，古朴典雅。根据中国宫殿群体“宇宙模型”的意象，在空间构图上采取了“轴线对称，主从有序，中央殿堂，四隅崇楼”的章法，取得了气势恢宏的效果。建筑造型虽采用唐代风格，但一改传统建筑的色彩，采用白、灰、茶三种色调，庄重典雅，具有石造建筑的雕塑感。

15.3.8 清华大学图书馆

于1991年建成，关肇邺、叶茂煦等人设计(图15-25)。总建筑面积2万平方米，设计上体现了对清华园历史和环境特色的尊重。新馆力求在朴素无华之中表现深刻的文化内涵，通过对建筑体量的合理组织及形象的精心塑造，与老馆浑然一体，相得益彰。既有所变化，又和谐统一，表现了不同的时代特色。

图15-25 清华大学图书馆

15.3.9 北京丰泽园饭店

于1994年建成，由崔恺设计(图15-26)。地上5层，地下2层，总建筑面积14800平方米，高18米，为三星级饭店。由于地处低矮拥挤的旧商业区，为与环境相协调，削弱体量感，采用小体量叠加的阶梯式体形，沿街部分两层高，与周围建筑平齐，三层以上部分内收，缩小了体量感。丰富的细部使建筑外观精致而亲切，外立面色彩与材料很好地与周围环境相融合。

15.3.10 北京西客站

于1995年建成，北京建筑设计研究院设计(图15-27)。总建筑面积50多万平方米，主楼建筑面积138000平方米，地下埋深约18米，地上高度103.85米。中大厅为45米大跨度钢桁架结构，主体外观有5座中国传统屋顶，相互呼应，具有很强的标志性。

图 15-26　北京丰泽园饭店

图 15-27　北京西客站

15.3.11 威海甲午海战馆

于1995年建成的威海甲午海战馆，由彭一刚设计（图15-28）。设计采用象征主义手法，融雕塑与建筑为一体。以北洋水师将领的塑像作为建筑总体构图的中心，用相互冲撞的船体作为建筑的造型体块组合成整体。残破的覆舟作为大门，被风吹起的衣服像建筑坡形的屋顶，既烘托出“悲壮惨烈”的主题，又具有强烈的形式感。

图15-28 威海甲午海战馆

15.3.12 雁栖湖国际会议中心

继2008年夏季奥运会、2014年APEC领导人会议之后，世界的目光再次聚焦中国北京。2017年5月14日至15日，又一历史与未来交融的盛会——“一带一路”国际合作高峰论坛盛大召开，有来自亚洲、欧洲、非洲、拉美等地区的近30位国家元首和政府首脑参加本次会议，共议“加强国际合作，共建‘一带一路’，实现共赢发展”主题，而此次会议地点北京雁栖湖国际会议中心（图15-29）再次成为焦点。雁栖湖地处怀柔的祥和之地，风景秀美，生态和谐。雁栖湖的环境、建筑、能源等各个方面，始终以低碳、自然生态、节能环保为发展理念和标准。

雁栖湖周围的各种建筑更是备受关注（图15-30）。雁栖湖国际会议中心、精品总统别墅等项目于2014年建成。雁栖湖国际会议中心这座见证了中国主场外交的会议中心，以中国传统“九宫格”图案为依托，立面造型以“鸿雁展翅、汉唐飞扬”为理念，代表着各方文化友好交流，同时体现中国“开放与融合，对话与沟通”的理念，契合雁栖湖地名。会场面积达14069平方米，包括8277平方米的会议中心和户外会议空间。功能核心区由一层宴会厅鸿雁厅和二层会议大厅聚贤厅组成。在建筑立面上采用三段式划分，包括基座、屋身、屋顶三部分。其中，灰色屋顶坡度平缓，檐口、屋脊均为直线造型。屋顶瓦当设计为圆瓦当，纹样丰富。会议中心使用的玻璃幕墙为75毫米厚的防弹玻璃，有着很高的安全系数。

小　　结

现代建筑运动，解决了第二次世界大战遗留的社会问题，表现出对新的建筑规律和价值标准的思

图 15-29 北京雁栖湖国际会议中心

图 15-30 北京雁栖湖国际会议中心局部

考。现代建筑的先驱者们关注社会改良,具有开拓精神和乌托邦理想。后现代主义建筑是对现代建筑国际式垄断设计的质疑,认为现代主义建筑运动应对千篇一律,思想贫乏的城市面貌负责,主张建筑的趣味性,主张还原历史以满足公众的"通俗口味"。现代主义运动之后,建筑界呈现出多元化倾向;这种秩序与多样性的有机结合,形成了封闭奥妙而又相互关联的世界。中国的近、现代建筑已逐渐融入世界,中国的建筑的发展,应古为今用,洋为中用。中国传统建筑艺术有强大的生命力,同时也具有很强的低碳、自然生态、节能环保的理念,必为世界建筑的多元化发展做出贡献。

思 考 题

1.什么是后现代主义建筑,举例说明其特征。

2.就后现代主义建筑师质疑密斯“少就是多”的思想,谈谈你的理解。

3.举例说明现代主义建筑在当今多元化时代的新发展。

4.请分析一个你最喜欢的中国现代建筑。

5.谈谈你心目中的建筑艺术。

附 录 A

附表 1　建筑美的内涵

建筑美	理想美	可想象的美	自然景观之美
			诗之美
		可思考的美	科学之美
			思想形式之美
	现实美	生活之美	人本之美
			情趣之美
		伟大或崇高之美	工程之美
			智慧之美

附表 2　建筑美的内容

建筑艺术	空间	物质属性	细部构造美		屋顶、门窗、墙体、楼梯、阳台、雨篷、材质、组合、结构、施工
			整体美	结构	砖石结构、木结构、混凝土结构、钢结构、大跨结构、高层结构、特殊结构
				构图	对称、均衡、稳定、比例、尺度、统一、变化、韵律、节奏、点、线、面、体、色彩、质感、光影
		精神属性	适用		空间大小、围护形式、空间使用关系、空间感
			安全		心理感受、安全文化、经济与技术
	时间	社会性	环境		自然环境、人工环境
					生理环境、心理环境
			场所		边界、路径、中心、节点、围合感、文化认同感、心理归属感
		时代感	时代特征		文化取向、技术条件、社会要求
			动态变化		观念的变迁、技术发展、审美情趣变化

附表 3　中西建筑艺术比较

建筑艺术类型	时空观			艺术观		
	时间	空间	建筑空间	环境方面	造型方面	细部
中国建筑艺术	风格稳定	向广处延伸	空灵通透	重视与自然景观的协调	虚实结合，重屋顶变化	重视构件对整体的构图作用，装饰以彩画为主
西方建筑艺术	风格多变	向高处发展	封闭坚实	强调建筑的统领地位	以实为主，重几何构图	细部采用石砌，重视雕塑

主要参考文献

[1] 汉宝德.透视建筑[M]. 天津:百花文艺出版社，2004.

[2] 王绍森.透视建筑学——建筑艺术导论[M]. 北京:科学出版社，2000.

[3] 刘云月.公共建筑设计原理[M].南京:东南大学出版社,2004.

[4] 刘育东.建筑的涵义[M].天津:天津大学出版社,1999.

[5] 刘天华.凝固的旋律——中西建筑艺术比较[M].上海:世纪出版集团上海古籍出版社,2005.

[6] 王蔚.不同自然观下的建筑场所艺术:中西传统建筑文化比较[M].天津:天津大学出版社,2004.

[7] 杨永生,王莉慧. 建筑百家论古今——地域篇[M].北京:中国建筑工业出版社,2007.

[8] 张彤.整体地区建筑[M].南京:东南大学出版社，2003.

[9] 王旭烽.走读浙江[M].杭州:浙江大学出版社,2004.

[10] 莫斯塔第.低技术策略的住宅[M].韩林飞,刘虹超,译.北京:机械工业出版社,2005.

[11] 陈文捷.世界建筑艺术史[M].长沙:湖南美术出版社,2004.

[12] 罗小未,蔡琬英.外国建筑历史图说[M].上海:同济大学出版社,1986.

[13] 维特鲁威.建筑十书[M].高履泰,译.北京:知识产权出版社,2006.

[14] 吴焕加.现代西方建筑的故事[M]. 天津:百花文艺出版社，2005.

[15] 朱迪思·卡梅尔-亚瑟.安东尼·高迪[M].张帆,译.北京:中国轻工业出版社,2002.

[16] 夏娃.建筑艺术简史[M].合肥:合肥工业大学出版社,2006.

[17] 傅熹年.中国古代建筑十论[M].上海:复旦大学出版社,2004.

[18] 蔡燕歆,路秉杰.中国建筑艺术[M].北京:五洲传播出版社,2006.

[19] 楼庆西.中国建筑[M].深圳:海天出版社,2006.

[20] 埃德温·希思科特,艾奥娜·斯潘丝.教堂建筑[M].瞿晓高,译.大连:大连理工大学出版社,2003.

[21] 刘敦桢.中国古代建筑史[M].2 版.北京:中国轻工业出版社,1987.

[22] 王振复.中华建筑的文化历程——东方独特的大地文化[M].上海:上海人民出版社,2006.

彩　　图

彩图 1　北京天坛祈年殿(1420 年)(见图 0-1)

彩图 2　不对称建筑构图(见图 0-9)

彩图 3　尺度作为质量的概念(见图 0-14)

彩图 4　垂直面要素(见图 0-18)

彩图 5　沈园(见图 0-35)

彩图 6　青藤书屋(一)(见图 0-37)

彩图 7　宁波江北天主教堂全景(见图 0-41)

彩图 8　宁波江北天主教堂塔楼(见图 0-42)

彩图 9　巴别塔(见图 1-6)

彩图 10　阿布·辛拜勒神庙(见图 2-10)

彩图 11　雅典卫城远眺(见图 3-3)

彩图 12　厄瑞克提翁神庙的女像柱(见图 3-8)

彩图 13　罗马大角斗场(见图 4-5)

彩图 14　君士坦丁堡圣索菲亚大教堂(见图 5-1)

彩图 15 沙特尔圣母大教堂(见图 7-7)

彩图 16 佛罗伦萨大教堂(见图 8-1)

彩图 17 洛可可宫殿内部(见图 9-4)

彩图 18　石榴院(见图 10-9)

彩图 19　泰姬·玛哈尔陵(见图 10-11)

彩图 20　兵马俑(见图 11-4)

彩图 21　北京故宫中轴线鸟瞰图(见图 11-11)

彩图 22　颐和园万寿山排云殿建筑群(见图 11-12)

彩图 23　天安门天花装饰(见图 11-28)

彩图 24　太和殿前院落示意图(见图 11-29)

彩图 25　天井窑——河南陕县天井窑民居(见图 11-36)

彩图 **26**　西递后溪景区(见图 11-37)

彩图 **27**　马头墙(见图 11-39)

彩图 **28**　云南傣族村寨(见图 11-51)

彩图 29　凯旋门与星形广场(见图 12-1)

彩图 30　埃菲尔铁塔(见图 13-3)

彩图 31　米拉公寓(见图 13-5)

彩图 32　巴塞罗那神圣家族大教堂顶部
(见图 13-7)

彩图 33　朗香教堂外观(见图 14-8)

彩图 34　纽约古根海姆博物馆(见图 14-19)

彩图 **35**　悉尼歌剧院(见图 14-22)

彩图 **36**　埃克斯特学院图书馆内部(见图 14-27)

彩图 37　新奥尔良市意大利广场(见图 15-3)

彩图 38　加州迪斯尼大楼(见图 15-5)

彩图 39　巴黎阿拉伯世界研究所(见图 15-12)

彩图 40　茨木市光之教堂(见图 15-14)

彩图 41　中国国家体育场——“鸟巢”(见图 15-15)

彩图 42　中国中央电视台新台址(见图 15-16)